高 等 院 校 信 息 技 术 规 划 教 材

C程序设计实训教程

向艳 周天彤 程起才 编著

清华大学出版社
北京

内 容 简 介

本书是《C语言程序设计》的配套教材,注重培养和提高读者的编程能力,具有较强的通用性和实用性。

全书共分12章,各章主要内容包括知识点梳理、编程技能、案例拓展和实训四部分。其中,知识点梳理部分简明扼要地列出了各章的基本概念和主要内容;编程技能部分按照学习的进程,适时引导读者进行程序错误分析、测试与调试;案例拓展部分以一个"学生成绩管理"系统作为典型案例,从小到大、由浅入深,将前后知识串联起来;实训部分按照知识层次分为基础知识和技能实训、综合应用和能力实训两个实训环节,使读者能把握知识内涵,做到融会贯通、举一反三。

本书编程环境采用 Visual C++ 6.0,鉴于现在越来越多的人学习 C 语言时采用 VS2012 编程环境,故本书在附录部分介绍了 VS2012 的安装与使用方法。

本书可作为高校各专业学生的教材,也可作为程序设计爱好者的学习参考书。

图书在版编目(CIP)数据

C程序设计实训教程 / 向艳,周天彤,程起才编著. —北京:清华大学出版社,2013(2016.9重印)
高等院校信息技术规划教材
ISBN 978-7-302-33728-7

Ⅰ. ①C…　Ⅱ. ①向… ②周… ③程…　Ⅲ. ①C语言—程序设计—高等学校—教材
Ⅳ. ①TP312

中国版本图书馆 CIP 数据核字(2013)第 201638 号

责任编辑:袁勤勇　　王冰飞
封面设计:傅瑞学
责任校对:白　蕾
责任印制:沈　露

出版发行:清华大学出版社
　　　　网　　　址:http://www.tup.com.cn,http://www.wqbook.com
　　　　地　　　址:北京清华大学学研大厦 A 座　　　　邮　　编:100084
　　　　社 总 机:010-62770175　　　　　　　　　　　　邮　　购:010-62786544
　　　　投稿与读者服务:010-62776969,c-service@tup.tsinghua.edu.cn
　　　　质 量 反 馈:010-62772015,zhiliang@tup.tsinghua.edu.cn
　　　　课 件 下 载:http://www.tup.com.cn,010-62795954
印 刷 者:北京富博印刷有限公司
装 订 者:北京市密云县京文制本装订厂
经　　销:全国新华书店
开　　本:185mm×260mm　　　　印　　张:14.75　　　　字　　数:343千字
版　　次:2013年9月第1版　　　　　　　　　　印　　次:2016年9月第4次印刷
印　　数:4001~6000
定　　价:29.00元

产品编号:048923-01

前言 *foreword*

　　"C 语言程序设计"课程是一门实践性很强的课程,学习本课程既要理解和掌握语言的基本概念和基本知识,也要掌握应用所学知识编写程序的方法和技能,从而真正能用 C 语言这个强有力的编程工具去解决实际问题。为此,编者结合多年从事"C 语言程序设计"课程教学积累的经验和体会,编写了这本实训教程,可作为《C 语言程序设计》一书的配套教材。

　　本书共分为 12 章,包括 C 程序设计入门、顺序结构程序设计、选择结构程序设计、循环结构程序设计、函数、预处理命令、数组、指针、结构体与共用体、动态数组与链表、文件和位运算,各章主要内容有知识点梳理、编程技能、案例拓展和实训四部分。

　　在知识点梳理部分,简明扼要地列出了每一章的基本概念和主要内容,为读者指明了学习本章的重要知识点;在编程技能部分,融入了编者丰富的编程实践经验,按照学习的进程,适时引导读者进行程序错误分析、测试与调试,将一些容易被忽视的且对高水平 C 程序设计很重要的"点"逐一展现出来,真正体现了"能力培养"的需求;案例拓展部分以一个读者熟悉的"学生成绩管理"程序作为实例,从一个简单的顺序结构程序开始,随着学习内容的不断深入,从小到大、由浅入深,使程序功能越来越完善,实现了从选择结构到循环结构、函数、数组、指针、结构体及链表的有效过渡,突出了前后知识的连贯性、逻辑性,有利于读者对新知识的理解;实训部分按照知识层次分为基础知识和技能实训、综合应用和能力实训两个实训环节,使读者能把握知识内涵,做到融会贯通、举一反三。在实训内容上,本书精心选择了一些实用性、趣味性强的例子,以提高读者的学习兴趣和实践能力。

　　本书编程环境采用 Visual C++ 6.0,由于现在越来越多的人学习 C 语言采用 VS2012 编程环境,故本书在附录部分介绍了 VS2012 的安装与使用方法。

　　本书由向艳老师担任主编并统稿，周天彤老师和程起才老师参与了本书的编写工作。由于编者水平有限，本书错漏之处在所难免，欢迎广大读者批评指正。

编者

2013 年 6 月

目录

Contents

第1章

C 程序设计入门

1.1 知识点梳理

1. main 函数的简单程序框架

```
#include <stdio.h>              /* 包含必要的头文件 */
void main()
{
                               /* 变量定义及赋值 */
                               /* 对变量进行操作 */
                               /* 输出结果 */

}
```

2. 变量定义及初始化

数据类型名   变量名 1[=值 1][，变量名 2[=值 2],…];

3. 基本数据类型

1) 整型数据

(1) 整型常量：有八进制、十进制和十六进制 3 种表示方法。八进制整型常量必须以数字 0 开头,其数码为 0~7;十进制整型常量的首位数字不能是数字 0,其数码为 0~9;十六进制整型常量必须以 0X 或 0x 开头,其数码为 0~9、A~F 或 a~f。

(2) 整型变量：整型变量的类型如表 1-1 所示。

表 1-1　整型变量的类型

类　　别	数据类型名	数 的 范 围	字节数
[有符号]短整型	short [int]	$-32\,768 \sim 32\,767$ 即 $-2^{15} \sim (2^{15}-1)$	2
无符号短整型	unsigned short [int]	$0 \sim 65\,535$ 即 $0 \sim (2^{16}-1)$	2
[有符号]普通整型	int	$-2\,147\,483\,648 \sim 2\,147\,483\,647$ 即 $-2^{31} \sim (2^{31}-1)$	4

类　　别	数据类型名	数 的 范 围	字节数
无符号普通整型	unsigned [int]	$0 \sim 4\ 294\ 967\ 295$ 即 $0 \sim (2^{32}-1)$	4
[有符号]长整型	long [int]	$-2\ 147\ 483\ 648 \sim 2\ 147\ 483\ 647$ 即 $-2^{31} \sim (2^{31}-1)$	4
无符号长整型	unsigned long[int]	$0 \sim 4\ 294\ 967\ 295$ 即 $0 \sim (2^{32}-1)$	4

2）字符型数据

（1）字符型常量：有普通字符型常量和转义字符型常量两种表示方式。普通字符型常量是用单引号括起来的单个字符；转义字符型常量用单引号括起来，以反斜线\打头，并且后面跟一个或多个字符。

（2）字符型变量：字符型变量的类型如表 1-2 所示。

表 1-2　字符型变量的类型

类　　别	数据类型名	数的范围	字节数
[有符号]字符型	char	$-128 \sim 127$	1
无符号字符型	unsigned char	$0 \sim 255$	1

3）实型数据

（1）实型常量：有小数和指数两种表示形式。小数形式由十进制数字加小数点组成，**注意必须有小数点**；指数形式由十进制数后加阶码标志 e 或 E 以及阶码组成。

（2）实型变量：实型变量的类型如表 1-3 所示。

表 1-3　实型变量的类型

类　　别	数据类型名	字节数	有效数字	数的范围
单精度	float	4	$6 \sim 7$	$10^{-38} \sim 10^{38}$
双精度	double	8	$15 \sim 16$	$10^{-308} \sim 10^{308}$

4）字符串常量

在 C 语言中，没有字符串型变量，只有字符串常量。它是以一对双引号" "括起来的字符序列。任何字符串末尾都有一个字符'\0'，它是字符串结束的标志。

4. 运算符和表达式

1）算术运算符和算术表达式

算术运算符有＋、－、＊、/和％5 种。其中，％运算符的操作数必须都是整型数据；/运算符如果操作数都是整型，则结果一定是整型，若有小数出现，结果仅仅取其整数部分，舍弃小数部分。

2）赋值运算符和赋值表达式

赋值运算符分为简单赋值运算符、复合赋值运算符两大类。

简单赋值运算符为＝,构成的赋值表达式形式为:

　变量名=表达式

复合赋值运算符＋＝、－＝、* ＝、/＝、％＝、<<＝、>>＝、&＝、^＝和|＝10 种,构成的赋值表达式形式为:

　变量名 op=表达式

它等价于:

　变量名=变量名 op 表达式

其中,op 代表＋、－、* 、/、％、<<、>>、&、^、|。

无论是“变量名＝表达式”的形式,还是“变量名 op＝表达式”的形式,实质上它们都可以看成是“变量名＝表达式”(注:将“变量名 op 表达式”看成一个新表达式),它具有两层含义:

① 该变量的值现在已经被更改成表达式的值,该变量以前的值被覆盖了;

② 此赋值表达式的值为该变量的值。

3）逗号运算符和逗号表达式

在 C 语言中,“,”号起分隔符和运算符两个作用。

(1)分隔符作用:用于间隔多个变量定义或者函数定义中的参数等。

(2)运算符作用:其对应的逗号表达式的一般形式如下。

　表达式 1,表达式 2,…,表达式 n

逗号表达式的计算顺序是,先计算表达式 1,然后计算表达式 2,…,最后计算表达式 n,并以表达式 n 的值作为该逗号表达式的值,以该值的类型作为该逗号表达式的类型。

4）关系运算符和关系表达式

关系运算符有>、>＝、<、<＝、==和!＝6 种,**注意==与＝的区别**。

关系表达式的值只能是 1 或者 0。如果一个关系表达式是“正确的”,其值等于 1,否则为 0。

5）逻辑运算符和逻辑表达式

逻辑运算符有 &&、||和!3 种。

逻辑表达式的一般形式为:

　a 逻辑运算符 b

表 1-4 为逻辑运算的真值表。

C 语言规定:

• 对于操作数 a 和 b,非 0 视为真,0 视为假;

表 1-4　逻辑运算的真值表

参加逻辑运算的运算对象		逻辑表达式的运算结果		
a	b	a&&b	a‖b	!a
真	真	真	真	假
真	假	假	真	假
假	真	假	真	真
假	假	假	假	真

- 对于逻辑表达式的值以 1 代表"真",以 0 代表"假",即逻辑表达式的值也只有 1 和 0 两种。

6）自增与自减运算符及表达式

自增与自减运算符具有两种功能：①使变量的值增加 1 或减少 1；②取变量的值作为由运算符＋＋或－－构成的表达式的值。

自增与自减运算符分别有前置和后置两种格式。它们的区别在于,前置是先执行功能①,后执行功能②;后置是先执行功能②,再执行功能①。总而言之,无论是前置还是后置,都执行两个功能,只不过执行的顺序不同罢了。

7）sizeof 运算符

sizeof 运算符构成的表达式的一般形式为：

sizeof(类型名或变量名)

其功能是求出该类型所定义的变量或该变量在内存中所开辟的字节数。

1.2　编 程 技 能

1. VC++ 6.0 背景知识

Visual Studio 6.0 是微软公司于 1998 年推出的一款著名的集成开发环境(IDE),Visual Studio 6.0 提供了专业版和企业版两种版本。专业版包括以下内容：

- Visual Basic 6.0；
- Visual C++ 6.0；
- Visual J++ 6.0 Java 开发系统；
- Visual InterDev 6.0 Web 开发系统；
- Visual FoxPro 6.0 数据库开发系统；
- Windows NT Option Pack,内含 Microsoft Internet Information Server 4.0、Microsoft Transaction Server 2.0 和 Microsoft Message Queue Server 1.0；
- Microsoft Developer Network(MSDN)Library CD-ROM 特别版,MSDN 是开发人员必备的帮助工具,包含大量资料和速查手册。

企业版还包括以下内容：
- Microsoft Visual SourceSafe 6.0；
- Microsoft Repository 2.0；
- Microsoft Visual Component Manager；
- Visual Modeler 2.0；
- Visual Studio Analyzer。

2. VC++ 6.0 系统安装

微软通常通过光盘来发行 Visual C++ 6.0 系统（以下简称 VC），国内常见 7CD 和 1DVD 形式，也有通过网络下载的形式。VC 的安装文件是光盘根目录下的 Setup.exe，通过网络下载的压缩包在打开后，可以在解压缩目录下找到 Setup.exe 文件，双击将其打开并且开始安装（注：不同的安装包在安装时界面可能略有不同，而且 VC 在 Windows XP 下的安装兼容性比较好）。

开始安装程序简要介绍了安装过程和简要的操作方式，单击 Next 按钮可以进入下一屏版权声明以及 EULA（最终用户使用授权），继续单击 Next 按钮就进入了下一屏序列号的输入。输入合法的序列号，单击 Next 按钮，若是企业版的 VC 将询问用户安装模式，作为开发用户应该选择第一项 VC 企业版。下一选项是询问 VC 的共享文件的安装目录，这些文件为 Visual Studio 6.0 开发环境所公用。默认文件夹在 C 盘 Program Files 目录下，用户可以选择其他安装路径，之后一直单击 Next 按钮就完成了安装的设置。安装时出现的对话框如图 1-1～图 1-5 所示。

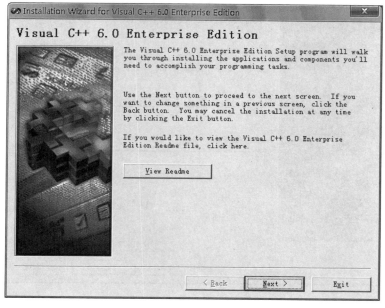

图 1-1　VC++ 6.0 企业版安装启动

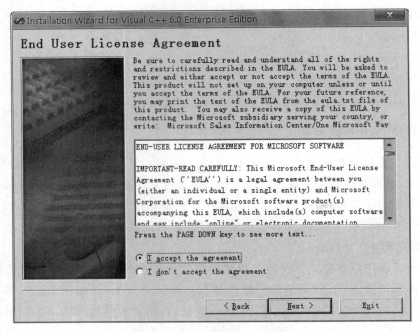

图 1-2　最终用户使用授权声明

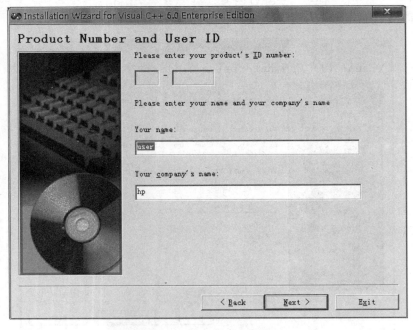

图 1-3　输入用户序列号

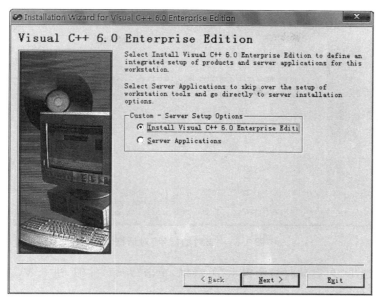

图 1-4　选择安装模式

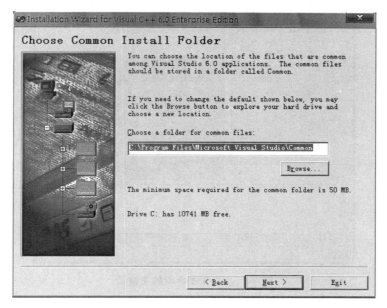

图 1-5　设置安装路径

3. VC++ 6.0 编程环境及用法

（1）单击 Windows 操作系统的"开始"按钮，然后依次选择"程序"|Microsoft Visual Studio 6.0|Microsoft Visual C++ 6.0 命令，屏幕上通常出现标题为"当时的提示"对话框，如图 1-6 所示。

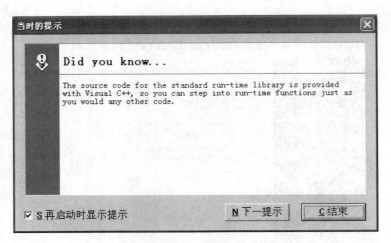

图 1-6　"当时的提示"对话框

（2）取消选中"再启动时显示提示"复选框，单击"结束"按钮，进入 VC 开发环境的主窗口，如图 1-7 所示。

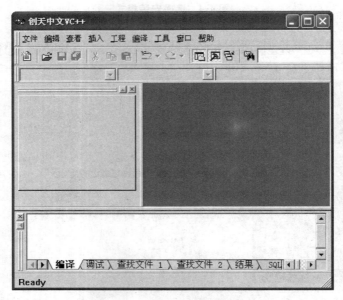

图 1-7　VC 开发环境的主窗口

（3）在 VC 主界面下，选择"文件" | "新建"命令，弹出"新建"对话框，如图 1-8 所示。因为 VC 集成开发环境通过工作区（Workspace）组织工程（Project），通过工程组织源文件。一个工作区可以包含多个不同的工程，一个工程可以包含多个源文件，但要求仅有一个文件中包含一个 main 函数，所以在图 1-8 中选择"工作区"选项卡，如图 1-9 所示，在"工作区名字"文本框中输入 test，在"位置"文本框中指定路径为"D:\"，然后单击"结束"按钮。这样在"D:\test"目录下产生了 3 个文件，即 test. dsw、test. opt 和 test. ncb，其中，test. dsw 是工作区文件。

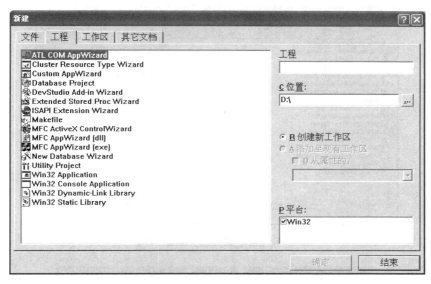

图 1-8　默认的"新建"对话框

图 1-9　选择"工作区"的"新建"对话框

（4）选择"文件"|"新建"命令，弹出"新建"对话框，选择"工程"选项卡，如图 1-10 所示，然后选择 Win32 Console Application 选项（程序执行时，执行结果显示在一个 MS-DOS 窗口中），并选中"添加至现有工作区"单选按钮，此时"位置"文本框自动变为"D：\test"。然后在"工程"文本框中输入 testprj，此时"位置"文本框自动变为"D：\test\testprj"，单击"确定"按钮，出现如图 1-11 所示的对话框，单击"完成"按钮，出现如图 1-12 所示的窗口。此时在"D：\test"下出现了一个以工程名命名的子文件夹 testprj，该文件夹里面有一文件 testprj.dsp，该文件是工程文件。

图 1-10 选择"工程"的"新建"对话框

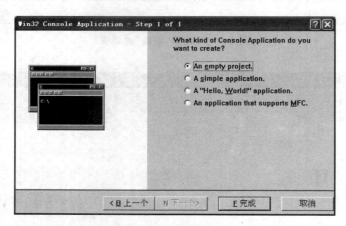

图 1-11 Win32 Console Application 对话框

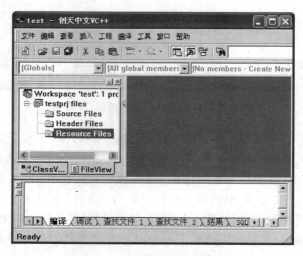

图 1-12 新的开发环境界面窗口

（5）选择"文件"|"新建"命令，弹出"新建"对话框，选择"文件"选项卡，如图 1-13 所示，然后选择 C++ Source File 选项，在"文件"文本框中输入 test.c（**文件的扩展名 c 必须指定**，否则 VC 默认为 C++ 程序，即默认扩展名为 cpp），并选中"添加工程"复选框，单击"确定"按钮，出现如图 1-14 所示的窗口。

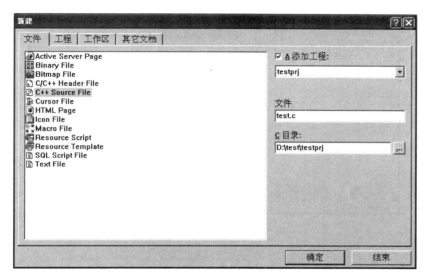

图 1-13 选择"文件"的"新建"对话框

图 1-14 新的开发环境界面窗口

（6）在源程序的文本窗口中输入源程序，如图 1-15 所示，并保存。

（7）选择"编译"|"编译"命令，或按 Ctrl＋F7 键，或单击工具栏中的 按钮，此时输

图 1-15 输入代码后的窗口

出信息窗口中出现了与编译相关的信息。如果编译没有错误，就会在"D:\test\testprj\Debug"下生成 test.obj 文件；如果有错误，输出信息窗口中将会有出错信息提示，用户需要到文本窗口中对源代码纠正，直到没有错误为止。

(8) 选择"编译"|"构件"命令，或按 F7 键，或单击工具栏中的 ⏚ 按钮，将 test.obj 以及工程中需要的其他目标文件进行连接。如果连接没有错误，在"D:\test\testprj\Debug"下会生成可执行的 test.exe 文件；如果连接有错误，输出信息窗口中将出现提示，通常需要对源代码进行修正或对 VC 参数进行配置，直到没有错误为止。

(9) 选择"文件"|"退出"命令，或单击窗口右上角的关闭按钮，将关闭 VC 开发环境。

提示：在关闭 VC 环境后，重新打开已经建立好的源程序文件 test.c，通常有 5 种方法。

(1) 在"D:\test"文件夹里找到 test.dsw 文件，双击该文件，此时该工作区文件下的所有工程都将出现在工作区窗口中。

(2) 如前所述，先打开 VC 开发环境，再选择"文件"|"新近的工作区"|"D:\test\test"。

(3) 如前所述，先打开 VC 开发环境，再选择"文件"|"打开工作区"命令，在弹出的对话框中选择"D:\test"目录，找到 test.dsw。

(4) 在"D:\test\testprj"目录下找到 test.c 文件，直接双击。不过用这种方法打开的 VC 开发环境，在编译时将会出现提示框，如图 1-16 所示。单击"是"按钮，系统将创建一个与源程序文件名同名的工作区和工程。

(5) 在"D:\test\testprj"目录下找到 testprj.dsp 文件，直接双击，此时系统将创建一个与工程名同名的工作区。所以建议使用(1)、(2)、(3)方法之一打开源程序文件。

图 1-16　提示框

实训 1　C 程序的环境及使用方法

1. 实训目的

（1）了解 VC 编程环境，掌握在该环境下编程的一般方法；
（2）掌握在一个工作区中建立多个工程的方法；
（3）学会在多个工程中切换、编辑和生成可执行文件。

2. 实训内容

（1）在一个工作区中创建多个工程。通常，一个题目对应一个工程项目，用户在学习 C 语言的过程中，可以在第一次上机时建立一个工作区，然后做下一个题目时，在该工作区中添加一个工程，这样打开工作区文件（××.dsw），就可以浏览和检索以前所编写的项目了，便于快速检索和参考。

在工作区中建立多个工程的操作步骤如下：

① 按照 1.2 节介绍的"VC++ 6.0 编程环境及用法"知识，创建一个名为 C_Learn 的工作区，然后在该工作区中添加一个名为 P1_1（P1_1 意为第 1 章的第 1 个工程）工程项目文件，再将名为 s1_1.c 的源文件添加到该项目中，输入以下程序并保存到 s1_1.c 中，之后进行编译、连接、执行，查看结果。

```
#include <stdio.h>
void main()
{
    printf("hello world!\n");
}
```

② 按照 1.2 节"VC++ 6.0 编程环境及用法"的步骤（4）在 C_Learn 工作区中继续添加 P1_2 工程，然后按照步骤（5）在 P1_2 工程中添加 s1_2.c 源文件，输入以下程序并保存到 s1_2.c 中，同样进行编译、连接、执行，查看结果。

```
/* the program displays your roll number and age */
#include <stdio.h>
void main()
{
    int i,j;
    printf("please input your roll number:");
```

```
scanf("%d",&i);
printf("please input your age:");
scanf("%d",&j);
printf("My roll number is NO.%d,",i);
printf("\n");
printf("I am %d years old.",j);
}
```

③ 按照步骤(4)继续添加 P1_3 工程和 s1_3.c 源文件,同样输入以下程序,并进行编译、连接、执行,查看结果。

```
#include <stdio.h>
int max(int a,int b)
{
    if(a>b)return a; else return b;
}
void main()
{
    int x,y,z;
    printf("input two numbers:\n");
    scanf("%d%d",&x,&y);
    z=max(x,y);
    printf("max=%d",z);
}
```

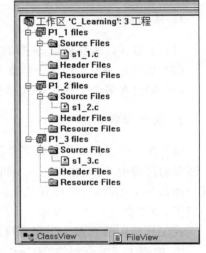

图 1-17　工作区

经过上述 3 步之后,工作区如图 1-17 所示。

(2) 不创建 P1_4 工程项目文件,直接创建 s1_4.c
源文件,并输入以下程序,然后编译、连接、执行,记录该过程中出现的提示信息。

```
#define  PI 3.14
void main()
{
    float area1, area2, area3, area4, area5;
    area1=1 * 1 * PI;
    printf("area1=%f\n",area1);
    area2=2 * 2 * PI;
    printf("area2=%f\n",area2);
    area3=3 * 3 * PI;
    printf("area3=%f\n",area3);
    area4=4 * 4 * PI;
    printf("area4=%f\n",area4);
    area5=5 * 5 * PI;
    printf("area5=%f\n",area5);
}
```

(3) 将 s1_1.c 源代码中的 printf("hello world!\n")语句改为 printf("大家好!\n"),

并进行编译、连接、执行,查看结果,记录该过程中出现的提示信息。

3. 常见问题

(1)在编写下一道题时,不添加新工程项目,直接创建源代码文件,这样会导致一个工程项目中有多个 main 函数,编译没有错误,但连接时会产生如图 1-18 所示的错误。

(2)对非活动(not active)工程项目中的源代码文件进行修改,然后立即执行编译、连接,也会出现如图 1-18 所示的错误。

```
------------------Configuration: P1_3 - Win32 Debug------------------
Linking...
s1_1.obj : error LNK2005: _main already defined in s1_3.obj
Debug/P1_3.exe : fatal error LNK1169: one or more multiply defined symbols found
执行 link.exe 时出错.

P1_3.exe - 1 error(s), 0 warning(s)
```

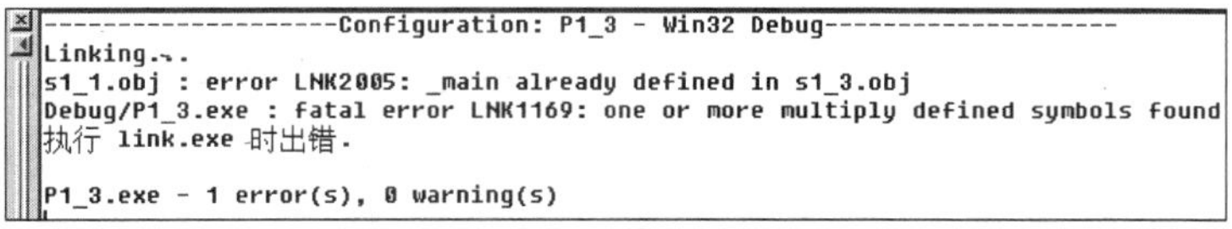

图 1-18　错误信息

4. 分析讨论

出现图 1-18 所示的错误信息,主要是违背了 Win32 Console Application 工程中有且仅有一个 main 函数的规定。导致常见问题(1)的原因是没有指定当前源文件属于哪个工程,VC 编译器将其归入当前活动工程,如果当前活动工程已经有了含有 main 函数的源文件,就会报错;导致常见问题(2)的原因是 VC 开发环境只允许有且仅有一个工程为活动工程,当创建多个工程项目文件时,VC 默认将最新的工程项目设为活动工程,故创建完 P1_3 工程,P1_3 为活动工程,然后去修改隶属于 P1_1 工程的 s1_1.c 文件,这样在编译时,VC 将 s1_1.c 文件强制隶属于 P1_3,造成 P1_3 有 s1_1.c 和 s1_3.c。

实训 2　数据类型及数据运算

1. 实训目的

(1)掌握 C 语言数据类型,熟悉变量的定义及赋值方法;

(2)掌握不同类型数据之间进行赋值和算术运算的规律;

(3)学会运用 C 语言中的运算符及表达式,特别是自加(++)、自减(−−)运算符,以及逻辑运算符与(&&)和或(||)。

2. 实训内容

(1)阅读下列程序:

```c
#include <stdio.h>
void main()
{
    char   c1,c2;
    c1=97,c2=98;
```

```
        printf("按字符型输出时 c1、c2 的值是%c 和%c",c1,c2);
}
```

在此基础上，

① 加 printf("％d,％d",c1,c2);并运行之；

② 然后将"char c1,c2"修改为"int c1,c2"再运行；

③ 将"c1＝97,c2＝98"修改为"c1＝300,c2＝400"再运行；

④ 再将"int c1,c2"改为"char c1,c2"观察结果。

预习要求：写出手工运算结果。

上机要求：输入程序,运行,看计算机运行结果与手工运算结果是否一致,思考为什么是这个结果。

提示：300 和 400 超出了用一个字节表示的数的范围。

（2）阅读下列程序：

```
#include <stdio.h>
void main()
{
    char c1='a',c2='b',c3='c',c4='\101',c5='\116';
    printf("a%cb%c\tc%c\tabc\n",c1,c2,c3);
    printf("\t\b%c%c",c4,c5);
}
```

预习要求：写出手工运算结果。

上机要求：输入程序,运行,看计算机运行结果与手工运算结果是否一致,思考为什么是这个结果。

（3）阅读以下程序：

```
#include <stdio.h>
void main ()
{
    int i,j,m,n;
    i=8;
    j=10;
    m=++i;
    n=j++;
    printf("%d,%d,%d,%d",i,j,m,n);
}
```

① 运行程序,观察并记录 i、j、m、n 的值；

② 将程序分别做以下改动后运行：

• 将 m＝＋＋i 改为 m＝i＋＋,将 n＝j＋＋改为 n＝＋＋j,观察并记录 i、j、m、n 的值；

• 将程序做如下修改,观察显示器的显示结果。

```
#include <stdio.h>
void main()
{
    int i,j;
    i=8;
    j=9;
    printf("%d,%d",i++,j++);
}
```

- 在以上修改基础上,将 printf("％d,％d",i＋＋,j＋＋)改为 printf("％d,％d",＋＋i,＋＋j),观察显示器的显示结果。
- 继续将 printf("％d,％d",＋＋i,＋＋j)改为 printf("％d,％d,％d,％d",i,j,i＋＋,j＋＋),观察显示器的显示结果。

预习要求:写出手工运算结果。

上机要求:输入程序,运行,看计算机运行结果与手工运算结果是否一致,思考为什么是这个结果。

（4）阅读以下程序:

```
#include <stdio.h>
void main()
{
    int m,n,a,b,c,d;
    m=n=a=b=c=d=0;
    (m=a==b)||(n=c==d);
    printf("%d,%d",m,n);
    m=n=a=b=c=d=0;
    (m=a>b)&&(n=c>d);
    printf("%d,%d",m,n);
}
```

预习要求:写出手工运算结果。

上机要求:输入程序,运行,看计算机运行结果与手工运算结果是否一致,思考为什么是这个结果。

3. 常见问题

数据类型及运算符在使用时常见的问题如表 1-5 所示。

表 1-5　数据类型及运算符在使用时常见的问题

常见错误实例	常见错误描述	错误类型
int a=b=3;	违背了定义多个同类型变量规则	语法错误
int a; double b=3; a%b;	％运算符要求数据类型为整型	语法错误

续表

常见错误实例	常见错误描述	错误类型
b^2-4ac	将代数式写成 C 语言表达式时没有^运算符并缺少 * 运算符	语法错误
int a=2,b=3; double area; area=a * b/2 /* 求三角形面积 */	两个整数相除,结果仍为整数	逻辑错误
4>a>3	判断变量在两个值之间应该用运算符 &&	逻辑错误
a%2=1	① 判断变量 a 的奇偶性,应该用关系运算符==; ② 赋值运算符的左操作数必须是变量	语法错误

4. 分析讨论

参考问题:

(1) 总结各种基本数据类型的特点;

(2) 总结数据类型的转换规则;

(3) 总结各种运算符是如何巧妙解决现实问题的。

练 习 1

(1) 程序填充:下面给出一个可以运行的程序,但是缺少部分语句,请按右边的提示将其补充完整,并在 VC 上进行验证。

```c
#include <stdio.h>
void main()
{
    ____①____ ;                  /* 定义整型变量 a 和 b */
    ____②____ ;                  /* 定义实型变量 i 和 j */
    a=5;
    b=6;
    i=3.14;
    j=i * a * b;
    printf("a=%d,b=%d,i=%f,j=%f\n", a, b, i, j);
}
```

(2) 阅读下面程序,先手工写出结果,然后输入程序,编译、连接、运行进行验证,如果不一致,思考为什么?

```c
#include <stdio.h>
void main()
{
    float a;
```

```
int b, c;
char d, e;
a=3.5;
b=a;
c=330;
d=c;
e='\\';
printf("%f,%d,%d,%c,%c", a,b,c,d,e);
}
```

（3）阅读下面程序，先手工写出结果，然后输入程序，编译、连接、运行进行验证，如果不一致，思考为什么？

```
#include <stdio.h>
void main()
{

    int a, b, c;
    double d=15, e, f;
    a=35%7;
    b=15/10;
    c=b++;
    e=15/10;
    f=d/10;
    printf("%d,%d,%d,%f,%f,%f", a,b,c,d,e,f);
}
```

（4）设计程序，验证"逻辑运算符的短路现象"的语法现象。

（5）设计程序，验证"赋值运算的运算次序是从右向左进行"的语法现象。

第2章

顺序结构程序设计

2.1 知识点梳理

1. C语句分类

1) 控制语句

(1) 选择结构控制语句：如 if 语句、switch 语句。

(2) 循环结构控制语句：如 do-while 语句、while 语句、for 语句。

(3) 其他控制语句：如 goto 语句、return 语句、break 语句、continue 语句。

2) 变量定义语句

数据类型后接变量名（如果有多个变量名，则用逗号分隔）和分号构成的语句。

3) 函数调用语句

函数调用语句由函数调用加一个分号构成。

4) 表达式语句

表达式语句由表达式后加一个分号构成，最典型的表达式语句是赋值表达式语句。

5) 空语句

空语句由一个分号构成，表示什么操作也不执行。

6) 复合语句

复合语句由一对大括号{}括起来的一组语句构成，又称块语句。**注意，复合语句在 C 语言语法上被视为一条语句。**

2. 数据的基本输入/输出

1) 基本输入/输出函数

表 2-1 列出了两类输入/输出函数。

表 2-1 基本的输入/输出函数

必须使用预处理命令	#include <stdio.h>	
字符输入与输出的用法	输入	输出
	变量=getchar()	putchar(表达式)
格式输入与输出的用法	scanf("格式控制串",输入参数列表)	printf("格式控制串",输出参数列表)

（1）getchar 函数的作用：从终端（键盘）接受一个字符，即 getchar（）函数的值（返回值）为该字符，通常将该字符赋给一个变量。

（2）putchar 函数的作用：将 putchar 函数的参数的值所对应的字符输出到终端（显示器），该参数可以是变量、常量，也可以是表达式。

（3）scanf 函数的作用：按照格式控制串的格式从终端（键盘）中读入数据到变量中，通常，格式控制串只需%加格式字符，不需要普通字符，而且输入参数列表中各个变量的前面通常要加取地址符号 &。

（4）printf 函数的作用：将输出参数列表的值按照格式控制串的格式输出到终端（显示器），为了让显示结果更具有解释性，通常，格式控制串既含有%加格式字符的组合，也含有具有解释性质的普通字符。

2）printf 函数的格式字符

表 2-2 列出了 printf 函数常见的格式字符。

表 2-2　printf 函数常见的格式字符

格式字符	意　义
d	以十进制有符号数形式输出整数（正数不输出＋，负数输出—）
u	以十进制形式输出无符号整数
o	以八进制无符号数形式输出整数（不输出前缀 0）
x、X	以十六进制无符号数形式输出整数（不输出前缀 0x），当用 x 时，输出十六进制数的 a~f 时以小写字母形式输出；当用 X 时，以大写字母形式输出
c	输出单个字符
s	输出字符串
f	以小数形式输出单、双精度实数，整数部分全部输出，隐含输出 6 位小数，输出的数字并非全部是有效数字，float 型的有效位数为 6~7 位，double 型的有效位数为 15~16 位
e、E	以指数形式输出单、双精度实数，输出的数据小数点前必须有且仅有 1 位非零数字
%	输出%

3）printf 函数的修饰符

表 2-3 列出了 printf 函数的修饰符。

表 2-3　printf 函数常见的修饰符

修　饰　符	用法及功能
最小域宽 m（整数）	输出数据域所占的宽度，如果数据宽度＜m，左补空格；如果数据宽度＞m，按照实际宽度全部输出数据
显示精度.n（大于等于 0 的整数）	对实数，指定小数点后位数（四舍五入） 对字符串，指定实际输出字符个数
—	输出数据在域内左对齐（默认右对齐）
＋	指定在有符号数的正数前显示正号（＋）

续表

修　饰　符	用法及功能
0	输出数值时指定将左边不使用的空位置自动填 0
#	在八进制和十六进制数前显示前导 0、0x
h	在 d、o、x、u 前指定输出数据为 short 型
l(L)	在 d、o、x、u 前指定输出数据为 long 型（在 VC6.0 下，int 与 long 完全一样，所以在 VC6.0 下，可以不考虑该修饰符）
	在 e、f、g 前指定输出数据为 double 型

4）scanf 函数的格式字符

表 2-4 列出了 scanf 函数常见的格式字符。

表 2-4　scanf 函数常见的格式字符

格　　式	字　符　意　义
d 或者 i	输入十进制整数
o	输入无符号的八进制整数
x	输入无符号的十六进制整数
f 或 e	输入实型数（用小数形式或指数形式）
c	输入单个字符，任何字符（包括空格、回车、Tab 键等）都作为一个有效字符输入
s	输入字符串，遇到空格、回车时结束

5）scanf 函数的修饰符

表 2-5 列出了 scanf 函数常见的修饰符。

表 2-5　scanf 函数常见的修饰符

修　饰　符	功　　能
m	指定输入数据宽度，系统自动按照此宽度截取所需数据
*	抑制符，指定输入项读入后不赋给变量
h	用于 d、o、x、u 前，指定输入为 short 型整数
l	用于 d、o、x、u 前，指定输入数据为 long 型
	用于 e、f 前，指定输入数据为 double 型

注意：

（1）函数 scanf 没有精度.n 格式的修饰符号；

（2）用 VC 在汇编级跟踪可知，调用 printf 函数时，float 类型的参数都是先转化为 double 类型后再传递的，所以用%f 可以输出 double 和 float 两种类型的数据，不必用%lf 输出 double 型数据；但是在 scanf 函数中，double 型变量必须用%lf，float 型变量必须用%f。

3. 常用的计算函数

1) 常用的数学函数

使用数学函数,必须在程序开头预处理命令部分加上以下预处理命令:

```
#include <math.h>
```

表 2-6 列出了常用数学库函数。

表 2-6　常用数学库函数

库函数原型	数学含义	举　　例
double sqrt(double x);	$\sqrt{x}$	$\sqrt{8} \rightarrow$ sqrt(8)
double exp(double x);	e^x	$e^2 \rightarrow$ exp(2)
double pow(double x,double y);	x^y	$1.05^{5.31} \rightarrow$ pow(1.05,5.31)
double log(double x);	$\ln x$	ln3.5 $\rightarrow$ log(3.5)
double log10(double x);	$\log x$	log3.5 $\rightarrow$ log10(3.5)
double fabs(double x);	$|x|$	$|-29.6| \rightarrow$ fabs(-29.6)
double sin(double x);	$\sin x$	sin2.59 $\rightarrow$ sin(2.59)
double cos(double x);	$\cos x$	cos1.97 $\rightarrow$ cos(1.97)
double tan(double x);	$\tan x$	tan3.5 $\rightarrow$ tan(3.5)
double ceil(double x)	向上舍入	将 0.8 向上舍入 $\rightarrow$ ceil(0.8)
double floor(double x)	向下舍入	将 0.8 向下舍入 $\rightarrow$ floor(0.8)

注意:三角函数的参数是弧度而不是度,例如数学上的 sin30°,其对应的 C 语言表达式为 sin(3.14 * 30/180)、sin(30.0/180 * 3.14)等。

2) 伪随机函数

使用伪随机函数,必须在程序开头预处理命令部分加上以下预处理命令:

```
#include <stdlib.h>
```

表 2-7 列出了伪随机库函数。

表 2-7　伪随机库函数

库函数原型	举　　例	备　　注
int rand(void)	产生一个伪随机整数	产生 0～RAND_MAX 的伪随机数,RAND_MAX 是符号常量,在 VC6.0 环境下是 32 767
void srand(unsigned int seed)	初始化伪随机数产生器	如果 seed 相同,则产生的随机数序列完全相同。为了让每次运行产生不同的数据,应该让 seed 的值不同,比如用时间作为 seed 的值

2.2　编　程　技　能

1. 使用 scanf 函数时要注意的问题

（1）如果 scanf 函数的格式控制串含有普通字符，必须输入该普通字符，这样才能保证变量的值正确。

例如，已经存在以下代码段：

```
int a,b;
scanf("a=%d,b=%d",&a,&b);
```

若要 a 的值为 3、b 的值为 5，必须输入 a=3,b=5✓（✓为回车键），这样才能使 a 和 b 分别为 3 和 5。**所以，在 scanf 格式控制串中不要加任何普通字符，以减少不必要的麻烦。**

（2）如果在 scanf 函数的格式控制串中数值格式在前面，字符格式在后面，要避免在输入数值型数据之后，可能敲入的空格、回车和 Tab 键等字符刚好被字符格式接受。举例如下。

情形一，有如下代码段：

```
int a;
char b;
scanf("%d%c",&a,&b);                    /* %d 在前,%c 在后 */
```

最终目的是使 a=5,b='a'，看看如何输入？

方式 1：5a✓　　　　　　结果：正确。

方式 2：5□a✓　　　　　结果：a=5,b='□'，错误。（□表示空格）

方式 3：5<Tab>a✓　　　结果：a=5,b='\t'，错误。（注：转义字符'\t'是 Tab 键对应的字符）

方式 4：5✓（注：字符 a 没有办法输入）　　结果：a=5,b='\n'，错误。（注：转义字符'\n'是回车键对应的字符）

总结：只有方式 1 正确，其余均错误，原因是%c 接受了 5 后面的字符，所以只要消除 5 后面的字符，问题就解决了，方法是将 scanf("%d%c",&a,&b)改为 scanf("%d%*c%c",&a,&b)。

情形二，有如下代码段：

```
int a;
char b;
scanf("%d ",&a);                        /* %d 在前 */
scanf("%c",&b);                         /* %c 在后 */
```

使得 a=5,b='a'，同样只有方式 1 正确，但通过以下方法也能使方式 2～方式 4 得到正确结果。

方法 1：在 scanf 之间加入 getchar 函数吸收 scanf("%d",&a)在输入 5 时后面跟着

的字符,即修改代码如下:

```
scanf("%d",&a);          /* %d 在前 */
getchar();               /* 接受上面 scanf 函数输入时剩下的一个字符 */
scanf("%c",&b);          /* %c 在后 */
```

但此方法只能接受 5 后面的一个字符,如果 5 后面的字符不止一个或是未知个数,那么该方法会失效,必须用方法 2。

方法 2:在 scanf 之间加入清除输入缓冲残留数据的函数 flushall()或 fflush(stdin),即修改代码如下:

```
scanf("%d",&a);          /* %d 在前 */
flushall();              /* 用 fflush(stdin)也可以,stdin 将在第 11 章做介绍 */
scanf("%c",&b);          /* %c 在后 */
```

2. C 程序常见错误解析

大家只有多编程、多调试,才能真正提高实际编程能力。编程出错是普遍现象,即使是经验丰富的程序员,也无法避免错误。调试程序需要在实践中积累经验、掌握技巧,学会调试程序是提高实际编程能力的重要保证。

1) C 程序错误类型

C 程序有语法错误、逻辑错误和运行错误 3 种错误类型。

(1) 语法错误:指编写的语句不符合 C 语言的语法规则所产生的错误,在编译和连接阶段产生,该错误通过编译器给出的出错信息(出错行号及出错原因)较易定位(用鼠标双击出错信息即可定位)。例如,当出现如图 2-1 所示的 error 和 warning 信息时,用鼠标拉动右边的滚动条(圆圈标记),找到出错信息,如图 2-2 所示,在出错信息行上双击,此时再回到程序编辑区,可以观察到程序编辑区的最左端多了一个小箭头(圆圈标记),该箭头所指向的行就是语法错误出现的大概位置,可能在箭头所指行,也可能在前一行或后一行,如图 2-3 所示。

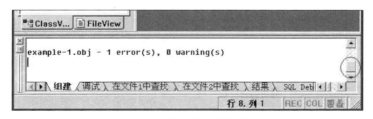

图 2-1 程序的编译结果

如果出了多个"error(s)",那么用户一定要从第一个错误信息提示行开始查错。**注意:每排除一个错误,就要重新编译一次**,因为后面的错误可能是由于前面的错误产生的。另外,虽然 warning 警告不影响程序的编译和连接,但很可能导致运行错误或者逻辑错误,所以大家在平时编程时,**要养成以 0 个 error、0 个 warning 要求自己的习惯**。

(2) 逻辑错误:指程序可以运行并得出运行结果,但并不是用户预期的结果。例如,

图 2-2　错误提示信息

图 2-3　程序编辑区中出现的标记

要求计算 a 和 b 的和，却写成了"$a-b$"，虽然语法上没有错，但求出的是 a 和 b 的差。由于这类错误无法用编程工具直接确定出错位置，因此，这类错误较难查找，可以采用 4.2 节介绍的方法解决。

（3）运行错误：指在程序运行期间发生的错误，如除 0 错误、访问地址越界等，也可以采用 4.2 节介绍的方法解决。

2）C 程序常见语法错误及分析

（1）错误提示：

```
warning C4013: 'printf' undefined; assuming extern returning int
warning C4013: 'scanf' undefined; assuming extern returning int
```

分析：代码中漏掉了＃include ＜stdio.h＞预处理命令。

（2）错误提示：

```
error C2065: 'a' : undeclared identifier
```

分析：代码中犯了"变量未定义，就使用"的错误，要先对变量 a 进行定义。

（3）错误提示：

```
error C2146: syntax error : missing ';'
```

分析：代码中的某条语句缺少;（分号）。

（4）错误提示：

```
fatal error C1004: unexpected end of file found
```

分析：通常是代码中某处漏掉了}（大括号）。

（5）错误提示：

```
error C2181: illegal else without matching if
```

分析：代码中的 else 没有 if 与之配对。

（6）错误提示：

```
warning C4101: 'j' : unreferenced local variable
```

分析：代码中的变量 j 虽然定义了,但是在代码中从未使用它,去掉变量 j 的定义。

（7）错误提示：

```
warning C4700: local variable 't' used without having been initialized
```

分析：当 t 是普通变量时,可能犯了"普通变量先定义,后使用原则";当 t 是指针变量时,可能犯了"指针变量先定义,后赋值,再使用原则"。

（8）错误提示：

```
fatal error C1083: Cannot open include file: 'tdio.h': No such file or directory
```

分析：编译器找不到代码中指定的头文件"tdio.h"。

（9）错误提示：

```
error C2106: '=' : left operand must be l-value
```

分析：代码中赋值运算符左边（左值）必须是变量。

（10）错误提示：

```
error C2086: 'i' : redefinition
```

分析：代码中的变量 i 被重复定义了。

（11）错误提示：

```
error C2054: expected '(' to follow 'main'
```

分析：代码中 main 函数漏掉了（）。

（12）错误提示：

```
error C2050: switch expression not integral
```

分析：代码 switch 后面的表达式必须是整型或字符型。

（13）错误提示：

```
error C2051: case expression not constant
```

分析：代码中 case 后面的表达式必须是常量。

（14）错误提示：

```
error C2198: 'max' : too few actual parameters
```

分析：代码中的 max 函数调用少了实际参数。

（15）错误提示：

```
warning C4020: 'max' : too many actual parameters
```

分析：代码中的 max 函数调用多了实际参数。

（16）错误提示：

```
warning C4244: '=' : conversion from 'const double ' to 'int ', possible loss of data
```

分析：代码中发生了隐式数据类型转换，将 double 型转换成 int 型，可能产生数据信息丢失。

（17）错误提示：

```
error C2018: unknown character '0xa3'
error C2018: unknown character '0xbb'
```

分析：代码中出错行含有中文的；（分号）。

（18）错误提示：

```
error C2232: '->i' : left operand has 'struct' type, use '.'
```

分析：代码中运算符－＞的左边必须是指针类型。

（19）错误提示：

```
Fatal error LNK1168: cannot open Debug/Text1.exe for writing
```

分析：连接错误，把任务栏中的运行程序窗口关闭，如果任务栏中没有该窗口，则打开任务管理器，在"进程"选项卡中找到 Text1.exe，并关闭该进程。

实训 3　顺序结构编程

1. 实训目的

（1）掌握简单 C 程序的设计；
（2）掌握基本输入/输出格式的使用。

2. 实训内容

（1）完善程序：在以下程序的大括号（{}）之间输入适当的语句，并运行，使其能够显示如图 2-4 所示的图形。

```
#include <stdio.h>
void main()
{

}
```

图 2-4　程序的输出结果

预习要求：画出流程图并完善程序。
上机要求：记录编译调试过程中发生的错误。
提示：可以使用 printf()语句按行顺序直接输出。
（2）完善程序：以下程序的功能是从键盘输入一个实

数 F(华氏温度),要求将华氏温度转换为 C(摄氏温度)并输出,摄氏温度保留两位小数。华氏温度与摄氏温度的关系如下:

$$C = \frac{5}{9}(F - 32)$$

例如,输入:17.2

输出:The temprature is −8.22

程序代码如下,但不完整,请补充完整:

```c
#include <stdio.h>
void main()
{
        ①      ;
    scanf("%lf", &F);
        ②      ;
    printf("The temprature is      ③      \n", C);
}
```

预习要求:画出流程图并完善程序,填写如表 2-8 所示的测试用表,给出两组不同的测试用例,同时给出标准结果。

上机要求:记录编译调试过程中发生的错误,使用测试用例测试程序并记录运行结果。

提示:变量要先定义后使用。

表 2-8　题(2)的测试用表

序　　号	测试输入	测试说明	标准运行结果	实际运行结果
1				
2				

(3) 编写程序:完成 $1+2+3+4+5$ 的累加和 a,并输出 a。

预习要求:画出流程图(参见图 2-5)并编写程序,手工算出结果。

上机要求:记录编译调试过程中发生的错误,将手工运算结果和计算机运行结果进行比较验证。

(4) 完善程序:以下程序的功能是输入一个 4 位数,将其加密后输出。加密方法是将该数每一位上的数字加 9,然后除以 10 取余,作为该位上的新数字,最后将第 1 位和第 3 位上的数字互换,将第 2 位和第 4 位上的数字互换,组成加密后的新数。

例如,输入:1257

输出:The encrypted number is 4601

程序代码如下,但不完整,请补充完整:

```c
#include <stdio.h>
```

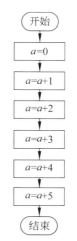

图 2-5　题(3)的流程图

```
void main()
{
    /* n 用来存放输入的 4 位数,n1 存放 4 位数的第 1 位数字 */
    /* n2 存放 4 位数的第 2 位数字,n3 存放 4 位数的第 3 位数字 */
    /* n4 存放 4 位数的第 4 位数字 */
    int n, n1, n2, n3, n4;
    scanf("%d", &n);
    _____①_____ ;                              /* 获取第 1 位数 */
    _____②_____ ;                              /* 获取第 2 位数 */
    _____③_____ ;                              /* 获取第 3 位数 */
    _____④_____ ;                              /* 获取第 4 位数 */
    _____⑤_____ ;                              /* 第 1 位数加 9 除以 10 取余 */
    _____⑥_____ ;                              /* 第 2 位数加 9 除以 10 取余 */
    _____⑦_____ ;                              /* 第 3 位数加 9 除以 10 取余 */
    _____⑧_____ ;                              /* 第 4 位数加 9 除以 10 取余 */
    /* 第 1 位和第 3 位上的数字互换,第 2 位和第 4 位上的数字互换 */
    _____⑨_____ ;
    printf("The encrypted number is %d\n", n);
}
```

预习要求:画出流程图并完善程序,填写如表 2-9 所示的测试用表,给出两组不同的测试用例,同时给出标准结果。

上机要求:记录编译调试过程中发生的错误,使用测试用例测试程序并记录运行结果。

提示:得到一个整数 n 的个位数字用求余运算符 $n\%10$;获取十位数字,首先通过 $n/10$ 去掉 n 的个位数字,即十位上的数字变为个位上的数字,再对 10 求余。

表 2-9　题(4)的测试用表

序　　号	测试输入	测试说明	标准运行结果	实际运行结果
1				
2				

3. 常见问题

数据类型及运算符在使用时常见的问题如表 2-10 所示。

表 2-10　数据类型及运算符在使用时常见的问题

常见错误实例	常见错误描述	错误类型
`double a;` `scanf("%f", &a);`	double 型变量用 %lf	逻辑错误
`double a;` `scanf("%lf", a);`	变量 a 前面未加 & 运算符	运行错误

续表

常见错误实例	常见错误描述	错误类型
(double)(5/10) /*预期得到 0.5*/	结果为 0.0	逻辑错误

void main()
{
　　printf("%f",sqrt(rand()));
}
	使用库函数时未加上相应的头文件	语法错误

int a; scanf("please input%d",&a); 输入时: 5↙	scanf 格式控制串含有普通字符,但输入时并没有输入该普通字符	逻辑错误
int a; char c1; scanf("%d%c",&a,&c1); 输入时: 5 a↙	数值格式在前面,字符格式在后面,在输入数值型数据之后,可能敲入的空格、回车和 Tab 键等字符刚好被字符格式接受	逻辑错误

4. 分析讨论

参考问题:

(1) 求一个整数 n 的各位上的数字,有两个核心步骤,一是要获得该整数的个位数,将 n 除以 10 取余($n\%10$);二是要抹去一个整数的最后的 x 位,采用 $n/10^x$(个位、十位、百位…,x 分别取 1、2、3、…)。

(2) 总结 scanf 函数在输入数据时,如何保证用户所输入的数据能够被变量正确地接受? 用户应如何检测?

练　习　2

(1) 观察下面的程序并人工写出运行结果;输入并运行该程序,记录运行结果,记录并总结手算与机算的差异之处。

```
#include <stdio.h>
void main()
{   int a,b;
    float d,e;
    char  c1,c2;
    double  f,g;
    long  m,n;
    unsigned int  p,q;
    a=61;b=62;
    c1='a';c2='b';
    d=3.56;e=-6.87;
    f=317.890121;g=0.123456789;
```

```
m=50000;n=-60000;
p=32768;q=40000;
printf("a=%d,b=%d\nc1=%c,c2=%c\nd=%6.2f,e=%6.2f\n", a,b,c1,c2,d,e);
printf("f=%15.6f,g=%15.12f\n m=%1d, n=%1d\n p=%u,q=%u\n", f,g,m,n,p,q);
}
```

在此基础上,改变程序,然后运行程序并分析结果。

① 将程序的第 8~13 行改为:

```
a=61;b=62;
c1=a;c2=b;
f=3157.890121;g=0.123456789;
d=f;e=g;
p=a=m=50000;q=b=n=-60000;
```

② 在①的基础上将 printf 语句改为:

```
printf("a=%d,b=%d\n c1=%c,c2=%c\n d=%15.6f, e=%15.12f\n",a,b,c1,c2,d,e);
printf("f=%f,g=%f\n m=%d;n=%d\n p=%d,q=%d\n",f,g,m,n,p,q);
```

③ 将 p、q 改用 %o 格式符输出。

④ 改用 scanf 函数输入数据,而不用赋值语句。

⑤ 比较 scanf 输入浮点数时,使用 %lf 和 %f 有什么不同;比较 scanf 输入整型数时,使用 %ld 和 %d 有什么不同。

(2) 编写程序,输入两个整型变量 a、b 的值,输出 $a+b$、$a-b$、$a*b$、a/b、$(float)a/b$、$a\%b$ 的结果,要求连同算式一起输出,每个算式占一行。

例如:a 等于 10,b 等于 5,$a+b$ 的结果输出为 $10+5=15$。

(3) 编写程序,输入两个整数 1500 和 350,求出它们的商和余数并输出。

(4) 编程实现由键盘输入一个加法式,输出正确的结果(两个加数均为整数)。

例如:键盘输入 $10+20$↙   输出 30

键盘输入 $-15+60$↙   输出 45

(5) 输入整数 a 和 b,要求不借助中间变量实现对 a 和 b 的交换并输出。然后从程序的可读性角度,评价该算法与实现教材例 2-15 的算法,哪个的可读性更好?

(6) 编写程序,求 $ax^2+bx+c=0$ 方程的根,a、b、c 由键盘输入,且假设 a 不等于 0、b^2-4ac 大于等于 0。

第3章

选择结构程序设计

3.1 知识点梳理

1. if 语句

1) if 形式

`if(表达式) 语句`

功能：计算表达式的值,当表达式的值为真(即值为非 0)时执行表达式后的语句。

注意：如果表达式后面包含有两条以上的语句,则要用一对大括号{}括起来构成复合语句。

2) if-else 形式

`if(表达式)  语句 1`
`else  语句 2`

功能：计算表达式的值,若表达式的值为真(即值为非 0),则执行语句 1;否则,执行语句 2。

注意：如果语句 1 或语句 2 包含有两条以上的语句,则要用一对大括号{}括起来构成复合语句。

3) else-if 形式

`if(表达式 1)  语句 1`
`else  if(表达式 2)  语句 2`
`else  if(表达式 3)  语句 3`
`⋮`
`else  if(表达式 n)  语句 n`
`else  语句 n+1`

功能：计算表达式 1 的值,若表达式 1 的值为真,执行语句 1,否则计算表达式 2 的值;若表达式 2 的值为真,执行语句 2,否则计算表达式 3 的值;若表达式 3 的值为真,执行语句 3,否则计算表达式 4 的值;依此类推,若表达式 n 的值为真,执行语句 n,否则执行语句 $n+1$。

注意：语句 1、语句 2、…、语句 $n+1$ 如果包含有两条以上的语句，则要用一对大括号{}括起来构成复合语句。

2. if 语句的嵌套

if 语句的嵌套是指在一个 if 语句中包含有一个或多个 if 语句。前面介绍的 3 种形式的 if 语句，可以嵌套自身，也可以相互嵌套。

大家使用 if 语句嵌套结构时需注意，在嵌套内部的 if 语句可能同时也是 if-else 型的，这将会出现多个 if 和多个 else 的情况，这时要特别注意 if 和 else 的配对问题。为了避免出现二义性，C 语言规定 **else 总是和它前面最近的、未曾配对的 if 配对**。

3. 条件表达式

条件表达式的一般形式为：

表达式 1?表达式 2:表达式 3

功能：计算表达式 1 的值，当表达式 1 的值为真时，取表达式 2 的值作为条件表达式的值；否则，取表达式 3 的值作为条件表达式的值。

注意：条件运算符的优先级为 13 级，仅高于赋值运算符和逗号运算符，结合方向为右到左。

4. switch 语句

switch 语句的一般形式为：

```
switch(表达式)
{
    case   常量表达式 1:语句 1;
    case   常量表达式 2:语句 2;
    ⋮
    case   常量表达式 n:语句 n;
    default:       语句 n+1;
}
```

功能：先计算表达式的值，然后逐个与每一个 case 后的常量表达式值进行比较，当表达式的值与某个常量表达式的值相等时，执行该 case 后面的语句，之后不再进行判断，继续执行后面的语句，直到遇到 break 语句或 switch 的右大括号}为止。如果表达式的值与所有 case 后的常量表达式的值不相等，则执行 default 后面的语句 $n+1$。

注意：

(1) case 后面的常量表达式，可以是一个整型常量表达式，也可以是字符常量表达式，但每个常量表达式的值必须互不相同。

(2) 在 case 后可以有多个语句，且可以不用{}括起来，程序会自动按顺序执行该 case 后面的所有可执行语句。

（3）若 case 后面的语句省略不写，则表示它与后续 case 执行相同的语句。

（4）在 switch 语句中加入 break 语句可起到控制多分支的作用。

（5）各个 case 和 default 子句出现的先后顺序可以任意，从执行效率的角度考虑，一般把发生频率高的情况放在前面。

3.2　编 程 技 能

1. 算法的设计

程序设计是一门艺术，主要体现在算法设计和结构设计上。如果说结构设计是程序的"肉体"，那么算法设计就是程序的"灵魂"。所谓**算法**，是指为解决某一具体问题而采取的、确定的、有限的操作步骤。

在设计算法前，用户必须准确地理解问题的内涵，即准确地了解需要解决什么问题。例如，求出 1～10 所有整数的和。依据数学常识，这个问题是非常清晰的。又如，求一元二次方程的根。这个命题需要明确，究竟是求实根还是实根、虚根都要求出？在明确了所求问题以后，可以先构思人工解决该类问题的描述，这个描述是算法的雏形。

通常，在构思算法的时候需要考虑这样一些关键词：先做什么，然后做什么（顺序关系）？在一些情况下怎么做，在另外一些情况下又怎么做（分支）？对一组相关的数据进行类似的处理或者重复某种步骤直到某种情况（循环）？

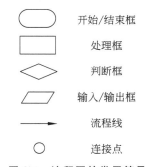

流程图是描述程序的控制流程和指令执行情况的有向图，它是算法的一种比较直观的表示形式。使用流程图来表示算法可以使可程序员在写程序前就考虑好算法，这对于初学者来说特别重要，因为可以集中精力在算法上，而不必一开始就纠缠在各种语法细节中。

常见的流程图符号如图 3-1 所示。对于如何设计流程图来表示算法，大家可参考以下几个例子。

图 3-1　流程图的常用符号

【例 3-1】　求 3 个数中的最大值，下面给出两种算法的流程图，分别如图 3-2 和图 3-3 所示。

【例 3-2】　验算一个正整数 x 是否是质数，下面也给出两种算法的流程图，分别如图 3-4 和图 3-5 所示。这两种流程图均使用质数的定义，即检查从 2 开始直到 $x-1$，若没有一个数能够被 x 整除则 x 是质数，否则 x 不是质数。

观察比较两个流程图可以发现，算法 1 是正确的，算法 2 是错误的，因为算法 2 不符合质数的定义。这样在开始书写程序前，就可以解决部分算法错误。

在遇到较为复杂的程序设计任务时，通常需要把该任务分解为一些简单的子任务，这种方法称为分治法。

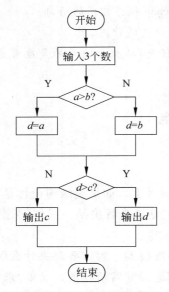

图 3-2 例 3-1 的算法 1

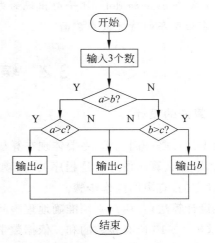

图 3-3 例 3-1 的算法 2

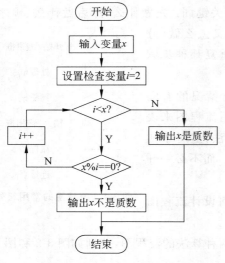

图 3-4 例 3-2 的算法 1

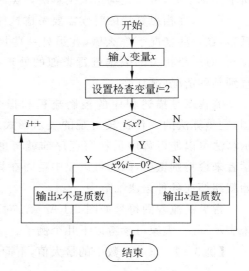

图 3-5 例 3-2 的算法 2

【例 3-3】 验证哥德巴赫猜想，即任意一个大于 6 的偶数 x 可以分解为两个奇质数之和。基本算法描述如下：从 3 开始一直找到 $x/2$，如果存在一个质数 y 使得 $x-y$ 也为质数，则该猜想对于偶数 x 成立，否则可认为找到一个反例，该猜想不成立。其算法流程图如图 3-6 所示。

2. 程序的测试

在程序编写好后，为了验证程序是否正确，需要对所编写的程序做测试。程序测试

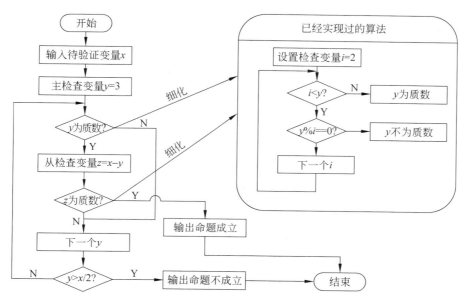

图 3-6　算法流程图

是确保程序质量的一种有效手段。程序测试的主要方式是给定特定的输入,运行被测试程序,检查程序运行结果是否与预期结果一致。

　　由于进行程序测试需要运行程序,而运行程序需要数据,为测试设计的数据称为**测试用例**。如果程序测试人员对被测试的程序内部结构很熟悉,那么可按照程序内部的逻辑来设计测试用例,检查程序中每条通路是否都能按照预定要求工作,这种测试方法称为**白盒测试**,也称为**结构测试**。把系统看成一个黑盒子,不考虑程序内部的逻辑结构和处理过程,只根据任务要求设计测试用例,检查程序的功能是否符合任务功能要求,这种测试方法称为**黑盒测试**,也称为**功能测试**。

　　【例 3-4】　输入任意一个字符,编程判断该字符是数字字符、大写字母、小写字母、空格还是其他字符。请通过程序测试,分析下面的程序错在哪里?

```
1    #include <stdio.h>
2    void main()
3    {   char c;
4        printf("请输入:");
5        c=getchar();
6        if('0'<=c<='9') printf("数字字符\n");
7        else if('A'<=c<='Z') printf("大写字母\n");
8        else if('a'<=c<='z') printf("小写字母\n");
9        else if(c==' ') printf("空格\n");
10       else printf("其他字符\n");
11   }
```

本例采用白盒测试,选取测试用例时,尽量让测试数据覆盖程序中的每条语句、每个

分支和每个判断条件,测试结果如下(□代表空格,↙代表回车):

    (1) 请输入:4↙

        数字字符

    (2) 请输入:S↙

        数字字符

    (3) 请输入:a↙

        数字字符

    (4) 请输入:□↙

        数字字符

    (5) 请输入:#↙

        数字字符

上述测试用例覆盖了程序的所有分支,除了第一组测试结果正确外,其余几组运行结果显然是错误的。分析其原因,是因为表示条件的表达式书写不符合 C 语言规范。例如,第 6 行语句表示 c 介于'0'和'9'之间,不能写成'0'$<=c<=$'9'形式,因为按照 C 语言的运算符结合性,$<=$ 运算符是自左向右结合的,如果变量 c 的值为'S',表达式先计算'0'$<=c$,计算结果为 1,然后再计算 1$<=$'9',结果为 1,这样整个表达式的结果为 1,表示条件为真,所以执行了语句 printf("数字字符\n"),导致运行结果不正确。

根据上面分析,将程序第 6~8 行的语句修改如下:

```
1    #include <stdio.h>
2    void main()
3    {   char c;
4        printf("请输入:");
5        c=getchar();
6        if('0'<=c&&c<='9') printf("数字字符\n");
7        else if('A'<=c&&c<='Z') printf("大写字母\n");
8        else if('a'<=c&&c<='z') printf("小写字母\n");
9        else if(c==' ') printf("空格\n");
10       else printf("其他字符\n");
11   }
```

选取与上相同的测试用例,可得到以下测试结果:

    (1) 请输入:4↙

        数字字符

    (2) 请输入:S↙

        大写字母

    (3) 请输入:a↙

        小写字母

    (4) 请输入:□↙

        空格

（5）请输入：♯✓

其他字符

下面再看一个黑盒测试的例子。

【例 3-5】 求一元二次方程 $ax^2+bx+c=0$ 的根。请通过程序测试,分析下面的程序错在哪里?

```
1    #include <stdio.h>
2    #include <math.h>
3    void  main()
4    {   float   a,b,c,p,q,d,x1,x2;
5        scanf("%f%f%f",&a,&b,&c);
6        d=b*b-4*a*c;
7        p=-b/(2*a);
8        q=sqrt(d)/(2*a);
9        if(d>=0)
10           if(d>0)
11           {   x1=p+q;   x2=p-q;
12               printf("The equation has two real roots:%.2f and %.2f\n", x1,x2);
13           }
14           else
15           {   x1=x2=p;
16               printf("The equation has two equal roots:%.2f\n", x1);
17           }
18       else
19       {   printf("The equation has complex roots:");
20           printf("%.2f+%.2fi and %.2f-%.2fi\n",p,q,p,q);
21       }
22   }
```

本例采用黑盒测试,根据程序的功能,对 $\Delta>0$、$\Delta=0$ 和 $\Delta<0$ 这 3 种情况设计了 3 组测试用例,测试结果如下:

（1）

1 3 1✓

The equation has two real roots:-0.38 and -2.62

（2）

1 2 1✓

The equation has two equal roots:-1.00

（3）

2 2 1✓

The equation has complex roots:-0.50+-1.#Ji and -0.50--1.#Ji

显然,（1）、（2）两组测试结果是正确的,（3）的测试结果是错误的。分析发现,在第 8

行程序语句中,当 d 小于 0 时,导致对 d 开平方根时出错,应该先对 d 求绝对值后再开平方根。因此,将程序的第 8 行语句修改如下:

```
1      #include <stdio.h>
2      #include <math.h>
3      void  main()
4      {   float   a,b,c,p,q,d,x1,x2;
5          scanf("%f%f%f",&a,&b,&c);
6          d=b*b-4*a*c;
7          p=-b/(2*a);
8          q=sqrt(fabs(d))/(2*a);
9          if(d>=0)
10             if(d>0)
11             {   x1=p+q;   x2=p-q;
12                 printf("The equation has two real roots:%.2f and %.2f\n", x1,x2);
13             }
14             else
15             {   x1=x2=p;
16                 printf("The equation has two equal roots:%.2f\n", x1);
17             }
18         else
19         {   printf("The equation has complex roots:");
20             printf("%.2f+%.2fi and %.2f-%.2fi\n",p,q,p,q);
21         }
22     }
```

这时,将上面(3)的测试数据再次进行测试,结果如下:

```
2 2 1↙
The equation has complex roots: -0.50+0.50i and -0.50-0.50i
```

3.3 案 例 拓 展

在实际问题中,经常会对学生的成绩等信息进行管理。从本章开始,将由浅入深、从简单到复杂逐步介绍用 C 语言设计和实现学生成绩管理程序的方法。

本章利用选择结构实现学生成绩管理程序中的菜单功能,首先在显示器上输出以下菜单选项,然后用户输入一个变量的值进行功能选择,可用选择结构的两种控制方式——if 语句和 switch 语句实现菜单显示控制。

```
    欢迎使用学生成绩管理系统
********************************
*           主菜单           *
********************************
  1  成绩输入        2  成绩删除
```

```
3  成绩查询        4  成绩排序
5  显示成绩        6  退出系统
请选择[1/2/3/4/5/6]：
```

（1）用 if 语句实现菜单的程序代码。

```
#include "stdio.h"
#include "stdlib.h"
void main()
{
    int j;
    printf("\n\n\n\t\t\t     欢迎使用学生成绩管理系统\n\n\n");
    printf("\t\t\t******************************\n");
    printf("\t\t\t *            主菜单         * \n");        /*主菜单*/
    printf("\t\t\t******************************\n\n\n");
    printf("\t\t        1 成绩输入        2 成绩删除\n\n");
    printf("\t\t        3 成绩查询        4 成绩排序\n\n");
    printf("\t\t        5 显示成绩        6 退出系统\n\n");
    printf("\t\t        请选择[1/2/3/4/5/6]: ");
    scanf("%d",&j);                          /*输入要选择的功能选项*/
    if(j==1) printf("成绩输入\n");
    else if(j==2) printf("成绩删除\n");
    else if(j==3) printf("成绩查询\n")
    else if(j==4) printf("成绩排序\n");
    else if(j==5) printf("显示成绩\n");
    else if(j==6) exit(0);                    /*结束程序*/
}
```

（2）用 switch 语句实现菜单的程序代码。

```
#include "stdio.h"
#include "stdlib.h"
void main()
{
    int j;
    printf("\n\n\n\t\t\t     欢迎使用学生成绩管理系统\n\n\n");
    printf("\t\t\t******************************\n");
    printf("\t\t\t *            主菜单         * \n");        /*主菜单*/
    printf("\t\t\t******************************\n\n\n");
    printf("\t\t        1 成绩输入        2 成绩删除\n\n");
    printf("\t\t        3 成绩查询        4 成绩排序\n\n");
    printf("\t\t        5 显示成绩        6 退出系统\n\n");
    printf("\t\t        请选择[1/2/3/4/5/6]: ");
    scanf("%d",&j);                          /*输入要选择的功能选项*/
    switch(j)
    {
        case  1: printf("成绩输入\n"); break;
```

```
        case  2: printf("成绩删除\n"); break;
        case  3: printf("成绩查询\n"); break;
        case  4: printf("成绩排序\n");break;
        case  5: printf("显示成绩\n"); break;
        case  6: exit(0);
    }
}
```

实训 4   用 if 语句实现选择结构

1. 实训目的

(1) 掌握 if 语句的格式和功能。
(2) 掌握 if 语句的嵌套方法。
(3) 学会用 if 语句实现选择结构编程。

2. 实训内容

(1) 完善程序：以下程序的功能是对于输入的任意一个成绩,输出相应的等级,即 90~100 为优秀、80~89 为良好、60~79 为及格、0~59 为不及格。
程序代码如下,但不完整,请补充完整：

```
#include <stdio.h>
void main()
{   float score;
        ①    ;
    if(score<60) printf("0~59:不及格\n");
    else if(    ②    ) printf("60~79:及格\n");
    else if(score<90) printf("80~89:良好\n");
    else if(    ③    ) printf("90~100:优秀\n");
}
```

预习要求：读懂程序思路,并将程序补充完整。填写如表 3-1 所示的测试用表,至少设计 4 组测试用例并给出标准运行结果。
上机要求：记录编译调试过程中发生的错误,使用测试用例测试程序并记录运行结果。

表 3-1   题(1)的测试用表

序　　号	测试输入	测试说明	标准运行结果	实际运行结果
1		不及格		
2		及格		
3		良好		
4		优秀		

（2）编写程序：求函数 y 的值。

$$y = \begin{cases} x & (x < 1) \\ 2x - 1 & (1 \leqslant x < 10) \\ 3x - 11 & (x \geqslant 10) \end{cases}$$

预习要求：画出流程图并编写程序，填写如表 3-2 所示的测试用表，至少设计 3 组测试用例并给出标准运行结果。

上机要求：记录编译调试过程中发生的错误，使用测试用例测试程序并记录运行结果。

提示：

① 输入变量 x 的值；

② 判断 x 值在哪个区间，并求出对应的 y 值。

表 3-2 题（2）的测试用表

序 号	测试输入	测试说明	标准运行结果	实际运行结果
1		$x < 1$		
2		$1 \leqslant x < 10$		
3		$x \geqslant 10$		

（3）编写程序：输入 4 个数，然后按从大到小的顺序输出。

预习要求：画出流程图并编写程序，填充如表 3-3 所示的测试用表，至少设计 3 组测试用例并给出标准运行结果。

上机要求：记录编译调试过程中发生的错误，使用测试用例测试程序并记录运行结果。

提示：

① 任意输入 4 个数；

② 先找出 4 个数中的最大数，然后找出剩余 3 个数中的最大数，最后找出两个数中的最大数。

表 3-3 题（3）的测试用表

序 号	测试输入	测试说明	标准运行结果	实际运行结果
1		从大到小顺序		
2		从小到大顺序		
3		无序		

（4）编写程序：输入三角形的三条边，判断它们是否构成三角形。若能构成三角形，指出是何种三角形，是等腰三角形、直角三角形，还是一般三角形。

预习要求：画出流程图并编写出程序，填写如表 3-4 所示的测试用表，至少设计 4 组测试用例并给出标准运行结果。

上机要求：记录编译调试过程中发生的错误。使用测试用例测试程序并记录运行结果。

提示：

① 输入三条边，并判断是否构成三角形。

② 如果能构成三角形，再判断是何种三角形。

表 3-4　题（4）的测试用表

序　号	测试输入	测试说明	标准运行结果	实际运行结果
1		等腰三角形		
2		直角三角形		
3		等腰直角三角形		
4		一般三角形		

3. 常见问题

if 语句常见问题如表 3-5 所示。

表 3-5　if 语句常见问题

常见错误实例	常见错误描述	错误类型
`if(x>y);` 　`max=x;`	if 语句条件后面多写了一个分号	逻辑错误
`if(x>y) max=x`	if 条件后的赋值语句少了分号	语法错误
`if(x>y); max=x;` `else max=y;`	if 语句条件后面多写了一个分号	语法错误

`if(x>y)`
　`max=x;`
　`printf("max=%d",x);`
`else`
　`max=y;`
　`printf("max=%d",y);`
	在 if 条件和 else 之间有两条以上子句，必须要加大括号括起，构成复合语句，否则系统会报错。同样，如果 else 后的子句包含两条以上，也应该用大括号括起，构成复合语句	语法错误

`if(x=y)` 　`printf("x==y\n");`	将关系运算符＝＝误用为赋值号＝	逻辑错误
`if(0<=x<=10)` 　`y=x*3+2;`	表达式书写不符合 C 语言规范，正确的书写形式为 0＜＝x&&x＜＝10	逻辑错误

4. 分析讨论

参考问题：

（1）如何划分 if 语句的结构？

（2）总结使用 if 语句时要注意的问题。

（3）总结 if 语句嵌套的有关规定。

实训 5   多路选择及 switch 语句的应用

1. 实训目的

(1) 掌握 switch 语句的格式和功能；

(2) 进一步掌握用多种形式实现多路选择结构的编程。

2. 实训内容

(1) 完善程序：按有关规定，学生的课程考试成绩在 60 分及以上为通过；若在 40～59 分之间，可以补考；若低于 40 分则需要重修该课程。现输入某学生的成绩，判断他是已通过、需补考，还是应重修该门课程。

以下两段程序分别用了 switch 语句和 if 语句编写，程序代码如下，但不完整，请补充完整。

程序 1:

```
#include <stdio.h>
void main()
{   float x;
    scanf("%f",&x);
    if(x>=0&&x<=100)
        if(_____①_____)
            if(_____②_____)
                printf("已通过\n");
            else
                printf("应补考\n");
        _____③_____
            printf("需重修\n");
}
```

程序 2:

```
#include <stdio.h>
void main()
{   float x;
    int a;
    scanf("%f",&x);
    if(x>=0&&x<=100)
    {   if(_____①_____)a=6;
        else a=x/10;
        switch(a)
        {   case 6: printf("已通过\n");break;
            case _____②_____ :
            case _____③_____ : printf("应补考\n");break;
```

```
            default:printf("需重修\n");
        }
    }
}
```

预习要求：读懂程序思路，并将程序补充完整。填写如表 3-6 所示的测试用表，至少设计 3 组测试用例并给出标准运行结果。

上机要求：记录编译调试过程中发生的错误，使用测试用例测试程序并记录运行结果。

表 3-6　题（1）的测试用表

序　　号	测试输入	测试说明	标准运行结果	实际运行结果
1		通过		
2		重修		
3		补考		

（2）编写程序：分别用 if 和 switch 语句实现以下菜单功能。

```
**************************************
*           1—成绩输入           *
*           2—成绩插入           *
*           3—成绩查询           *
*           4—成绩排序           *
*           5—成绩删除           *
*           6—成绩输出           *
*           0—退出               *
**************************************
请输入你的选择(0—6)：
```

预习要求：画出流程图并编写程序，填写如表 3-7 所示的测试用表，至少设计 7 组测试用例并给出标准运行结果。

上机要求：记录编译调试过程中发生的错误，使用测试用例测试程序并记录运行结果。

提示：

① 按以上形式输出菜单；

② 输入要选择的值，然后判断并输出对应的文字信息。

表 3-7　题（2）的测试用表

序　　号	测试输入	标准运行结果	实际运行结果
1			
2			
3			

续表

序　　号	测试输入	标准运行结果	实际运行结果
4			
5			
6			
7			

（3）输入一个不多于 5 位的正整数，编程实现以下功能：

① 判断它是几位数；

② 分别打印每一位数字；

③ 按逆序输出各位数字。

例如，若输入 n＝2345，输出结果为：

四位数：2 3 4 5　　　5 4 3 2

预习要求：画出流程图并编写程序，填写如表 3-8 所示的测试用表，至少设计 5 组测试用例并给出标准运行结果。

上机要求：记录编译调试过程中发生的错误，使用测试用例测试程序并记录运行结果。

提示：

① 输入一个正整数；

② 求出该数的各位数字；

③ 判断该数为几位数，并输出相应结果。

表 3-8　题（3）的测试用表

序　　号	测试输入	测试说明	标准运行结果	实际运行结果
1		一位数		
2		两位数		
3		三位数		
4		四位数		
5		五位数		

（4）身高预测。每个做父母的都关心自己的孩子成人后的身高，根据有关生理卫生知识和数理统计分析表明，影响小孩成人后身高的因素有遗传、饮食习惯和坚持体育锻炼等。小孩成人后的身高与其父母的身高和自身的性别密切相关。若设小孩父亲的身高为 h_1，母亲的身高为 h_2，身高预测公式为：

$$男性成人时身高 ＝ (h_1＋h_2)*0.54(cm)$$
$$女性成人时身高 ＝ (h_1*0.923＋h_2)/2(cm)$$

此外，如果喜爱体育锻炼，那么可增加身高 2％；如果有良好的卫生、饮食习惯，那么可增加身高 1.5%。

编写程序，根据性别、父母的身高、是否喜爱体育锻炼、是否有良好的饮食习惯等条件求出预测的身高。

预习要求：画出流程图并编写程序，填写如表 3-9 所示的测试用表，至少设计 4 组测试用例并给出标准运行结果。

上机要求：记录编译调试过程中发生的错误，使用测试用例测试程序并记录运行结果。

提示：

① 输入小孩的性别和父母的身高，并按预测公式计算出小孩的预测身高；

② 询问相关问题，并据此决定是否对预测身高增加相应比例。

表 3-9　题（4）的测试用表

序　　号	测试输入	测试说明	标准运行结果	实际运行结果
1		喜爱体育锻炼		
2		有良好饮食习惯		
3		符合以上两种情况		
4		不符合以上两种情况		

3. 常见问题

在使用 switch 语句时常见的问题如表 3-10 所示。

表 3-10　switch 语句常见问题

常见错误实例	常见错误描述	错误类型

`switch(x)`
`{ case 1: y=2+x;`
`  Case 2: y=3*x+1;`
`  default: y=0;`
`}`
	switch 语句中每个 case 代表一个多路分支，需要单独处理时，缺少 break 语句	逻辑错误

`switch(x);`
`{ case 1:y=2+x;break;`
`  case 2:y=3*x+1;break;`
`  default:y= 0;`
`}`
	switch 表达式的右括号后多了一个分号	语法错误

`switch(x)`
`{ case1:y=2+x;break;`
`  case2:y=3*x+1;break;`
`  default:y=0;`
`}`
	switch 语句中，case 和其后面常量中间缺少空格	语法错误

续表

常见错误实例	常见错误描述	错误类型

switch(x)
{ case 1:y=2+x;break;
　default:y=0;
　case 1:y=3 * x+1;break;
}
	switch 语句中,出现了两个 case 后面常量值相同的分支	语法错误

switch(x)
{ case 0~10:
　　y=2+x;break;
　case 11~10:
　　y=3 * x+1;break;
　default:y=0;
}
	switch 语句中,case 后面的常量表达式不能用区间表示	语法错误

switch(x)
{ case 1.0:
　　y=2+x;break;
　case 2.0:
　　y=3 * x+1;break;
　default:y=0;
}
	switch 语句中,case 后面的常量表达式不能为实型数	语法错误

4. 分析讨论

参考问题:

(1) 总结 switch 语句的执行过程。

(2) 总结使用 switch 语句时要注意的问题。

(3) 总结用 if 和 switch 语句实现多路分支时的特点。

练　习　3

(1) 编写程序,从键盘输入两个整型数据及一个运算符(＋、－、＊、/),计算表达式的值。

(2) 编写程序,从键盘输入一字符,如果它是大写英文字母,则转换为小写英文字母;如果是小写英文字母,则转换为大写英文字母;如果不是英文字母,则不转换,直接输出。

(3) 编写程序,从键盘输入一字符,判断该字符是数字字符、大写字母、小写字母、空格还是其他字符。

(4) 编写程序,按下式计算 y 的值。

$$y = \begin{cases} -x + 2.5 & 0 \leqslant x < 2 \\ 2 - 1.5(x-3)^2 & 2 \leqslant x < 4 \\ \dfrac{x}{2} - 1.5 & 4 \leqslant x < 6 \end{cases}$$

（5）编写程序,在屏幕上显示一张某人自制的重要日期时间表,程序根据输入的时间序号显示相应的问候用语。

第4章

循环结构程序设计

4.1 知识点梳理

1. while 语句

while 语句的一般形式：

```
while(表达式) 语句
```

执行过程：先计算表达式（即循环条件）的值，若值为真，则执行语句，然后再计算表达式的值，若为真则继续执行语句，直到表达式的值为假时结束循环。

例如：

（1）while(x＞y) max＝x；

计算表达式 $x>y$ 的值，如果表达式的值为真，则执行语句 max＝x，然后重新计算表达式的值，如果为真，则继续执行语句 max＝x，直到表达式的值为假时结束循环。

（2）while(x＞y){t＝x；x＝y；y＝t；}

计算表达式 $x>y$ 的值，如果表达式的值为真，则执行复合语句{t＝x；x＝y；y＝t；}，然后重新计算表达式的值，如果为真，则继续执行语句{t＝x；x＝y；y＝t；}，直到表达式的值为假时结束循环。

while 语句适合表示循环次数不确定的循环结构。

2. do-while 语句

do-while 语句的一般形式：

```
do 语句 while(表达式);
```

执行过程：先执行 do-while 之间的语句，然后判断 while 后面表达式（即循环条件）的值是否为真，若表达式的值为真，则重复执行语句，直到表达式的值为假时结束循环。

例如：

（1）do max＝x；while(x＞y)；

先执行语句 max＝x，然后计算表达式 $x>y$ 的值，如果表达式的值为真，则继续执行语句 max＝x，再重新计算表达式的值，直到表达式的值为假时结束循环。

(2) do {t=x; x=y; y=t;} while(x>y);

先执行复合语句{t=x; x=y; y=t;}，然后计算表达式 $x>y$ 的值，如果表达式的值为真，则继续执行复合语句{t=x; x=y; y=t;}，再重新计算表达式的值，直到表达式的值为假时结束循环。

do-while 语句适合表示循环次数不确定的循环结构，与 while 语句不同的是，do-while 语句是先执行循环体，后判断循环条件。

3. for 语句

for 语句的一般形式：

for(表达式 1;表达式 2;表达式 3) 语句

执行过程：

① 计算表达式 1(循环变量初值)的值；

② 计算表达式 2(循环条件)的值，若值为真则转至③，否则转至⑤；

③ 执行语句一次；

④ 计算表达式 3(循环增量表达式)的值，然后转至②；

⑤ 循环结束，执行 for 后面的语句。

例如：

for(i=1;i<10;i++) s=s+i;

① 计算 $i=1$ 的值；

② 计算 $i<10$ 的值，若值为真转至③，否则转至⑤；

③ 执行语句 s=s+i；

④ 计算 $i++$ 的值，然后转至②；

⑤ 循环结束，执行 for 后面的语句。

for 语句适合表示循环次数确定的循环结构，使用非常灵活，在 C 语言程序中应用的频度最高。

4. 循环的嵌套

在一个循环体内又包含另一个完整循环的程序结构称为**循环的嵌套**，又称为**多重循环**。

在 C 语言中，while 循环、do-while 循环和 for 循环可以嵌套自身，也可以相互嵌套，即在 while 循环、do-while 循环和 for 循环内可以完整地包含上述任一种循环结构。

5. break 语句

break 语句的一般形式：

break;

break 语句有以下两个功能：

（1）跳出 switch 结构；

（2）强制中断当前循环的执行,退出当前循环结构。

6. continue 语句

continue 语句的一般形式：

```
continue;
```

continue 语句的功能是结束本次循环,即跳过循环体中下面尚未执行的语句,转入下一次循环条件的判断。

7. 循环的应用

循环结构在编程中的应用非常广泛,可以说任何一个稍微复杂的编程应用都和循环有关。为了更好地学会循环的应用,读者要掌握一些和循环有关的重要算法,并能举一反三。重要的算法有级数求和、穷举算法、递推算法、判别素数算法。

4.2　编　程　技　能

1. 程序的查错和排错

编写好一个程序只能说完成了任务的一半,对程序查错和排错往往比编写程序更难,更需要精力、时间和经验。常常有这样的情况：程序花一天就写完了,而对程序查错和排错两三天也没能完成。有时一个小小的程序会出错五六处,而发现和排除一个错误,有时竟需要半天时间,甚至更多。

对程序查错和排错一般有以下几个步骤：

（1）先进行人工检查,即静态检查。在编写好一个程序以后,不要匆匆忙忙上机,而应对纸面上的程序进行人工检查。这一步能发现由于疏忽而造成的错误。

（2）在人工(静态)检查无误后,再上机调试。通过上机发现的错误称为动态检查。在程序编译时会给出语法错误的信息(包括哪一行有错以及错误类型),用户可以根据提示的信息找出程序中出错之处并改正之。大家应当注意的是,有时提示的出错行并不是真正出错的行,如果在提示出错的行上找不到错误,应当到上一行查找。另外,有时提示出错的类型并非绝对准确,由于出错的情况繁多而且各种错误互相关联,因此要善于分析,找出真正的错误,而不要从字面意义上死抠出错信息,钻牛角尖。

如果系统提示的出错信息多,应当从上到下逐一改正。有时会显示出一大片出错信息,往往使人感到问题严重,无从下手,其实可能只有一两个错误。例如,如果对所用的变量未定义,程序在编译时就会对所有含该变量的语句发出出错信息,修改时只要加上一个变量定义,所有错误就都消除了。

（3）在改正语法错误后,得到可执行的目标程序,然后运行程序,输入程序所需数据,即可得到运行结果。此时,还应当对运行结果进行分析,看它是否符合任务要求。有的初学者看到输出运行结果就认为没有问题了,不进行认真分析,这是危险的。

有时,数据比较复杂,难以立即判断结果是否正确。此时,可以事先考虑一批"测试数据",输入这些数据可以得出容易判断正确与否的结果。具体方法可参看 3.2 的介绍。

(4) 运行结果不对,大多属于逻辑错误。对于这类错误往往需要仔细检查和分析才能发现,可以采用以下方法:

① 将程序与流程图仔细对照,如果流程图正确,程序编写错了,是很容易发现的;

② 如果实在找不到错误,可以采取"分段检查"的方法,即在程序不同位置设几个 printf 函数语句,输出有关变量的值,逐段往下检查,直到找到某一段中的数据不对为止,这时就已经把错误局限在这一段中了,不断缩小"查错区",就可能发现错误所在;

③ 用户也可以用第 6 章介绍的"条件编译"命令进行程序调试(在程序调试阶段,若干 printf 函数语句要进行编译并执行,在调试完毕后,这些语句不再编译了,也不再被执行了),使用这种方法可以不必一一删去 printf 函数语句,以提高效率;

④ 如果在程序中没有发现问题,就要检查流程图有无错误,即算法有无问题,如有则改正之,接着修改程序;

⑤ 如果错误难以发现,可使用系统提供的 Debug(调试)工具,跟踪程序流程并给出相应信息,其使用更加方便。

总之,对程序查错和排错是一项细致、深入的工作,需要下工夫、动脑子、善于积累经验。

2. 程序的单步调试法

对于程序中一些较难发现的逻辑错误,可以使用系统提供的 Debug(调试)工具,用单步调试法跟踪程序执行的流程,可以快速排除错误,提高排错效率。

单步调试法的特点是,程序一次执行一行,执行完一行后即暂停,用户可以检查此时有关变量和表达式的值,以便发现问题所在。

【例 4-1】 输入下面的程序:

```
#include <stdio.h>
void main()
{
    int a,b;
    float c;
    scanf("%d%d",&a,&b);
    c=a/b;
    printf("c=%d",c);
}
```

在 VC++ 环境下编译、连接通过后,按 F10 键进入单步调试状态。注意,现在在任务栏上增加了一个命令提示符窗口,该提示符内容为空白,如图 4-1 所示。

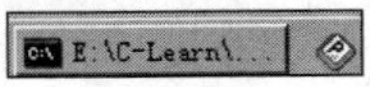

图 4-1　开始调试以后,在任务栏上增加了一个命令提示符窗口

而当前窗口停留在 VC++ 界面上，在 VC++ 窗口中可以发现 Debug 工具栏、Watch 窗口和 Variables 窗口。其中，Debug 工具栏提供了停止执行按钮、重新执行按钮、暂停执行按钮、修改源代码以后继续执行按钮、显示当前待执行语句按钮、单步执行之 Step Into 按钮、单步执行之 Step Over 按钮、单步执行之 Step Out 按钮、单步执行之执行到指定行按钮等多个功能强大的按钮，如图 4-2 所示。

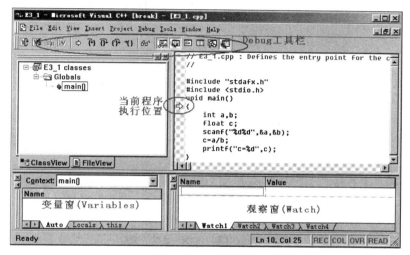

图 4-2　VC++ 处于调制状态下

如果 Debug 工具栏未显示，可以在工具栏的空白处右击将其显示。

在 Watch 窗口中添加要观察的变量 c，按回车键后 Watch 窗口中列出了该变量及此时的值。因为此时尚未执行到变量 c 定义的地方，故给出如图 4-3 所示的提示。

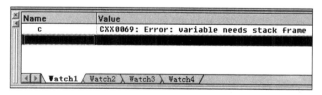

图 4-3　添加 c 变量

反复按 F10 键，当程序执行到 scanf 时将切换到用户屏幕要求输入。在此输入数据 6□3↙（□表示空格，↙表示回车），使程序继续执行。图 4-4 是刚由命令提示符返回 VC++ 的情况，箭头停留在下一条待执行的语句上，将鼠标移动到 c 变量上可以看到 c 当前是一个随机值。

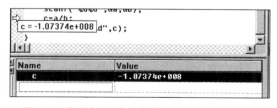

图 4-4　将鼠标移动到变量上将显示变量的值

继续按 F10 键或者单击工具条上 按钮执行下一条语句，观察 c 变量的值，可以发现 c 已经被赋值为 2.0，该值是正确的。

继续按 F10 键执行 printf 语句，程序执行后停留在 VC++ 界面上，切换到命令提示符观察输出结果，如图 4-5 所示。

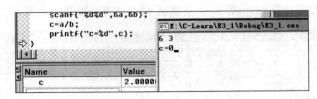

图 4-5　c 的实际值和命令提示符的输出值不一致

注意：Watch 窗口中的值和输出的值不一致，命令提示符中输出的值是错误的，那么由此推断错误出在 printf 语句上。仔细检查发现，格式输出符与 c 的数据类型不符。改正后运行，再次输入 6 和 3，结果正确。

思考：例 4-1 程序还有问题吗？请输入 2 和 4、6 和 4 两组数据观察结果，分析原因并修改源程序。

4.3　案例拓展

在第 3 章用选择结构实现了学生成绩管理程序中的菜单选择功能，学习完本章之后，大家可应用循环结构拓展该程序功能，使用户能对显示的菜单做多次选择。循环结构可以用 while 循环、for 循环和 do-while 循环 3 种形式实现。

（1）用 while 循环形式实现：

```c
#include "stdio.h"
#include "stdlib.h"
void main()
{
    int j;
    /*循环在用户选择6时结束*/
    while(1)
    {   system("cls");                                      /*清屏*/
        printf("\n\n\n\t\t\t    欢迎使用学生成绩管理系统 \n\n\n");
        printf("\t\t\t********************************\n");
        printf("\t\t\t*          主菜单          * \n");         /*主菜单*/
        printf("\t\t\t********************************\n\n\n");
        printf("\t\t        1  成绩输入          2  成绩删除 \n\n");
        printf("\t\t        3  成绩查询          4  成绩排序 \n\n");
        printf("\t\t        5  显示成绩          6  退出系统 \n\n");
        printf("\t\t        请选择[1/2/3/4/5/6]: ");
        scanf("%d",&j);
```

```
        switch(j)
        {
            case  1:   printf("成绩输入\n"); break;
            case  2:   printf("成绩删除\n"); break;
            case  3:   printf("成绩查询\n"); break;
            case  4:   printf("成绩排序\n");break;
            case  5:   printf("显示成绩\n"); break;
            case  6:   exit(0);
        }
    }
}
```

（2）用 for 循环形式实现：

```
#include "stdio.h"
#include "stdlib.h"
void main()
{
    int j;
    /*循环在用户选择6时结束*/
    for(;;)
    {   system("cls");                                    /*清屏*/
        printf("\n\n\n\t\t\t    欢迎使用学生成绩管理系统\n\n\n");
        printf("\t\t\t*****************************\n");
        printf("\t\t\t *          主菜单          *\n");          /*主菜单*/
        printf("\t\t\t*****************************\n\n\n");
        printf("\t\t       1 成绩输入      2 成绩删除\n\n");
        printf("\t\t       3 成绩查询      4 成绩排序\n\n");
        printf("\t\t       5 显示成绩      6 退出系统\n\n");
        printf("\t\t       请选择[1/2/3/4/5/6]: ");
        scanf("%d",&j);
        switch(j)
        {
            case  1:   printf("成绩输入\n"); break;
            case  2:   printf("成绩删除\n"); break;
            case  3:   printf("成绩查询\n"); break;
            case  4:   printf("成绩排序\n");break;
            case  5:   printf("显示成绩\n"); break;
            case  6:   exit(0);
        }
    }
}
```

（3）用 do-while 循环形式实现：

```
#include "stdio.h"
```

```
#include "stdlib.h"
void main()
{
    int j;
    /*循环在用户选择 6 时结束*/
    do
    {   system("cls");                                              /*清屏*/
        printf("\n\n\n\t\t\t    欢迎使用学生成绩管理系统\n\n\n");
        printf("\t\t\t*******************************\n");
        printf("\t\t\t*          主菜单          *\n");          /*主菜单*/
        printf("\t\t\t*******************************\n\n");
        printf("\t\t      1  成绩输入       2  成绩删除\n\n");
        printf("\t\t      3  成绩查询       4  成绩排序\n\n");
        printf("\t\t      5  显示成绩       6  退出系统\n\n");
        printf("\t\t      请选择[1/2/3/4/5/6]: ");
        scanf("%d",&j);
        switch(j)
        {
            case  1:  printf("成绩输入\n"); break;
            case  2:  printf("成绩删除\n"); break;
            case  3:  printf("成绩查询\n"); break;
            case  4:  printf("成绩排序\n");break;
            case  5:  printf("显示成绩\n"); break;
            case  6:  exit(0);
        }
    }while(1);
}
```

实训 6　循环语句及应用

1. 实训目的

（1）掌握 while 、do-while 和 for 3 种循环形式；

（2）学会编写简单的循环结构程序。

2. 实训内容

（1）完善程序：从键盘上输入若干学生的成绩，当输入－1 时结束，然后统计并输出最高分。

程序代码如下，但不完整，请补充完整：

```
#include<stdio.h>
void main()
{   float x,max;
```

```
scanf("%f",&x);
    ①    ;
while(    ②    )
{   if(x>max)    ③    ;
    scanf("%f",&x);
}
printf("max=%f\n",max);
}
```

预习要求：读懂程序思路，并将程序补充完整。填写如表 4-1 所示的测试用表，设计一组测试用例并给出标准运行结果。

上机要求：记录编译调试过程中发生的错误，并记录运行结果。

表 4-1　题(1)的测试用例

序　　号	测试输入	标准运行结果	实际运行结果

(2) 编写程序：找出从 1 开始的前 20 个不能被 2、3、5、7 整除的正整数，并求出这些数的和。

预习要求：画出流程图并编写程序。

上机要求：记录编译调试过程中发生的错误，并记录运行结果。

提示：

① 要找的正整数从 1 开始，逐步递增；

② 注意要找的数和用来统计个数的量不要用同一个变量；

③ 在循环开始前，要给一些变量赋相应的初始值。

(3) 编写程序：求 $1-3+5-7+\cdots-99+101$ 的值。

预习要求：画出流程图并编写程序。

上机要求：记录编译调试过程中发生的错误，并记录运行结果。

提示：

① 用求级数和的方法；

② 注意在累加某一项时，要考虑符号的变化。

(4) 编写程序：利用以下公式求 e 的近似值，精度要求为 10^{-6}。

$$e = 1 + \frac{1}{1!} + \frac{1}{2!} + \frac{1}{3!} + \cdots$$

精度公式为 $\delta_n = |S_{n+1} - S_n| = \left| \frac{1}{n!} \right|$。

预习要求：画出流程图并编写程序。

上机要求：记录编译调试过程中发生的错误，并记录运行结果。

提示：

① 采用级数求和的方法；

② 注意所给精度是控制循环的条件。

3. 常见问题

使用简单循环结构时常见的问题如表 4-2 所示。

表 4-2　简单循环结构常见问题

常见错误实例	常见错误描述	错误类型

`while(n<=100)`
`{   s+=n;`
`    n++;`
`}`
	在循环前,未对循环变量 n 以及累加和变量 s 赋初始值,导致运行结果出现不确定的值	逻辑错误

`for(n=1,s=0;n<=100)`
`{   s+=n;`
`    n++;`
`}`
	在 for 语句的中括号中的 $n<=100$ 后缺少分号	语法错误

`n=1;s=0;`
`do{`
`    s+=n;`
`    n++;`
`}while(n<=100)`
	do-while 语句的 while 后面缺少分号	语法错误

`for(n=1,s=0;n<=100;);`
`{   s+=n;`
`    n++;`
`}`
	在 for 语句中的右括号后面多写了一个分号,导致循环结构是一个空语句	逻辑错误

`for(n=1,s=0;n<=100;)` `    s+=n;`	在循环体中没有能将循环条件改变为假的操作,导致死循环	逻辑错误

`for(n=1,s=0;n<=100;)`
`    s+=n;`
`    n++;`
	for 语句的循环体是由两个语句构成的,应该加{}构成复合语句	逻辑错误

4. 分析讨论

参考问题:

(1) 总结 3 种循环语句的语法形式和执行过程。

(2) 比较 while 语句和 do-while 有何不同。

(3) 在使用 for 语句时要注意哪些问题?

实训 7　循环嵌套及 break 和 continue 语句

1. 实训目的

(1) 掌握循环嵌套的应用;

(2) 掌握 break 语句和 continue 语句的功能和应用;

（3）掌握一些常用算法。

2. 实训内容

（1）完善程序：以下程序的功能是计算 100～1000 之间有多少个数,其各位数字之和是 5。

程序代码如下,但不完整,请补充完整：

```c
#include <stdio.h>
void main()
{
    int i,s,k,count=0;
    for(i=100;i<1000;i++)
    {
        s=0;
        k=i;
        while(_____①_____)
        {
            s=s+k%10;
            k=_____②_____;
        }
        if(s!=5)_____③_____;
        else  count++;
    }
    printf("%d",count);
}
```

预习要求：读懂程序思路,并将程序补充完整。

上机要求：记录编译调试过程中发生的错误,并记录运行结果。

（2）编写程序：猴子吃桃子问题。

猴子第一天摘下若干个桃子,当即吃了一半,还不过瘾,又多吃了一个。第二天早上又将剩下的桃子吃掉一半,又多吃了一个。以后每天早上都吃了昨天的一半零一个,到第十天早上猴子一看,只剩下一个桃子。求第一天共摘了多少个桃子？

预习要求：画出流程图并编写出程序。

上机要求：记录编译调试过程中发生的错误,并记录运行结果。

提示：

① 用递推方法；

② 找出递推公式,并做整理；

③ 注意循环的执行次数。

（3）编写程序：求 10 000 以内所有的完全数。

所谓完全数是指该数的所有因子之和为该数的两倍。例如,6 的因数有 1、2、3、6,其和是 12,恰好是 6 的两倍,所以 6 是完全数。

预习要求：画出流程图并编写出程序。

上机要求：记录编译调试过程中发生的错误,并记录运行结果。

提示：

① 用嵌套循环结构，外循环可表示 10 000 以内的所有数；

② 判断某数是否为完全数时，可先用循环求出其因子和，然后再判断；

③ 求某数 x 的因子，可取 $1\sim x$ 范围内的每一个数，判断能否整除 x。

（4）编写程序：输入首字符和高后，输出形式为如下所示的回形方阵（首字符为'A'、高为 5 的方阵）。

```
A A A A A
A B B B A
A B C B A
A B B B A
A A A A A
```

预习要求：画出流程图并编写出程序。

上机要求：记录编译调试过程中发生的错误，并记录运行结果。

提示：

① 设计嵌套循环，外层循环按回形方阵回转圈数，共执行高的 $1/2$ 次；

② 设计 4 个并列的内层循环，分别按顺时针方向输出上行、右列、下行、左列的字母；

③ 如果高为奇数，则输出最中心的一个字母。

3. 常见问题

使用循环嵌套时常见的问题如表 4-3 所示。

表 4-3 循环嵌套常见问题

常见错误实例	常见错误描述	错误类型

`float x,n;`
`for(n=1;n<=100;n++)`
`  for(x=1;x<=n;x++)`
`   if(n%x==0)...`
	不能对实型数做求余运算	语法错误

`int x,n,s=0;`
`for(n=1;n<=100;n++)`
`  for(x=1;x<=n;x++)`
`   if(n%x==0) s+=x;`
	s 表示 n 的因子和时，不能在循环外赋初值，应放在 for(x=1;x<=n;x++) 语句前	逻辑错误

`int n,s;`
`for(n=1;n<=100;n++)`
`  for(s=0,n=1;n<=100;n++)`
`  ...`
	嵌套循环中的内层循环和外层循环的循环变量同名	逻辑错误

4. 分析讨论

参考问题：

（1）总结循环嵌套的执行过程。

（2）总结 break 语句和 continue 语句有何不同。

实训 8　循环结构的综合应用

1. 实训目的

(1) 掌握素数的判别方法；
(2) 巩固和掌握级数求和、穷举等算法的应用。

2. 实训内容

(1) 完善程序：以下程序的功能是求出用一元人民币兑换一分、二分、五分的所有兑换方案。

程序代码如下，但不完整，请补充完整：

```
#include <stdio.h>
void main()
{
    int i,j,k,n=0;
    for(i=0;i<=20;i++)
        for(j=0;j<=50;j++)
        {
            k=_____①_____;
            if(_____②_____)
            {
                printf("%4d%4d%4d",i,j,k);
                _____③_____;
                if(n%5==0) printf("\n");
            }
        }
}
```

预习要求：读懂程序思路，并将程序补充完整。
上机要求：记录编译调试过程中发生的错误，并记录运行结果。
(2) 程序改错：下面程序的功能是找出 1～10 000 以内的所有素数。该程序中有错误，请改正。

```
#include <stdio.h>
#include <math.h>
void main()
{   int n=0,k,i,m;
    for(m=2;m<10000;m++)
    {   k=sqrt(m);
        for(i=1;i<k;i++)
            if(m%i==0) break;
            else
```

```
    {    n++;
         printf("%d%c",m,n%10?'\t':'\n');
    }
  }
}
```

预习要求：读懂程序思路，找出程序中的错误并改正。

上机要求：记录编译调试过程中发生的错误，并记录运行结果。

(3) 编写程序：计算当 $x=0.5$ 时下列级数和的近似值，使其误差小于某一指定的值 eps(例如，eps＝0.000 001)。

$$x-\frac{x^3}{3*1!}+\frac{x^5}{5*2!}-\frac{x^7}{7*3!}+\cdots$$

预习要求：画出流程图并编写出程序。

上机要求：记录编译调试过程中发生的错误，并记录运行结果。

提示：

① 输入 x 和 eps 的值；

② 设计循环求级数和。

(4) 编写程序：求所有 4 位数，这些数本身是平方数，且低两位和高两位所组成的两个两位数也是平方数。

预习要求：画出流程图并编写出程序。

上机要求：记录编译调试过程中发生的错误，并记录运行结果。

提示：

① 设计循环，表示 1000～9999 之间的 4 位数；

② 先求出某 4 位数的低两位和高两位，然后判断是否为平方数；

③ 判断某数 x 是否为平方数，可用下式判断：

```
(int)(sqrt(x) * sqrt(x))==x
```

3. 常见问题

应用循环时常见的问题如表 4-4 所示。

表 4-4　循环应用常见问题

常见错误实例	常见错误描述	错误类型

`for(i=2;i<m;i++)`
`   if(m%i==0) break`
`   else printf("%d",m);`
	根据素数的定义，断定素数的 if 语句设计出错	逻辑错误

`int x,p,n,t;`
`float s,eps;`
`…`
`for(n=1;fabs(t)<eps;n+=2)`
`{ …`
`    t=t * x * x/(n * p);`
`}`
	由于变量类型定义不合适，使循环中语句 t=t * x * x/(n * p);计算出现错误	逻辑错误

4. 分析讨论

参考问题：

（1）总结素数的判别方法。

（2）总结级数求和的基本方法。

（3）总结穷举算法的特点。

练　习　4

（1）以下程序的功能是从键盘输入正整数 m 的值，求 n，使 $n! \leqslant m \leqslant (n+1)!$。例如输入 726，则输出 $n=6$。请完善程序。

```
# include <stdio.h>
void main()
{   int _____①_____ ;
    scanf(_____②_____);
    for(n=2;jc<m;n++)
        jc=jc*n;
    printf("n=%d\n",_____③_____);
}
```

（2）下面程序的功能是用 do-while 语句求 1～1000 之间满足"用 3 除余 2；用 5 除余 3；用 7 除余 2"的数，且一行只打印 5 个数。请完善程序。

```
# include <stdio.h>
void main()
{
    int i=1,j=0;
    do{
        if(_____①_____)
        {
            printf("%4d",i);
            j=j+1;
            if(_____②_____) printf("\n");
        }
        i=i+1;
    }while(i<1000);
}
```

（3）等差数列的第一项 $a=2$，公差 $d=3$，下面程序的功能是输出等差数列的前 n 项和中能被 4 整除且小于 200 的所有和。请完善程序。

```
# include <stdio.h>
void main()
```

```
{
    int a=2,d=3,sum=0;
    do{
        sum+=a;
        ____①____ ;
        if(____②____) printf("%d\n",sum);
    }while(sum<200);
}
```

（4）下面程序的功能是输出 1～100 之间每位数的乘积大于每位数的和的数。例如，数字 26，数位上数字的乘积 12 大于数字之和 8。请完善程序。

```
#include <stdio.h>
void main()
{   int n,k=1,s=0,m;
    for(n=1;n<=100;n++)
    {   k=1;
        s=0;
        ____①____ ;
        while(____②____)
        {   k*=m%10;
            s+=m%10;
            ____③____ ;
        }
        if(k>s) printf("%d",n);
    }
}
```

（5）编写程序，求出所有各位数字的立方和等于 1099 的 3 位整数。

（6）编写程序，从键盘输入一个正整数 n，计算该数的各位数之和并输出。例如，输入数是 5246，则计算 $5+2+4+6=17$。

（7）编写程序，计算下列算式的值：

$$C = 1 + \frac{1}{x^1} + \frac{1}{x^2} + \frac{1}{x^3} + \frac{1}{x^4}\cdots \quad (x>1)$$

直到某一项 $A\leq0.000\,001$ 时为止，输出最后 C 的值。

（8）一个排球运动员一人练习托球，第 2 次只能托到前一次托起高度的 2/3 偏高 25cm。按此规律，他托到第 8 次时，只托起了 1.5m。编写程序，求他第 1 次托起了多高。

（9）编写程序，输入一个十进制正整数，然后输出它所对应的八进制。

（10）编写程序，输入 n 值，输出如下所示的高和上底均为 n（例如 $n=5$）的等腰梯形。

```
        * * * * *
      * * * * * * *
    * * * * * * * * *
  * * * * * * * * * * *
* * * * * * * * * * * * *
```

(11) 编写程序,输入 n 值,输出如下所示的图形(例如 $n=5$ 时的 Z 形)。

```
* * * * *
        *
      *
    *
* * * * *
```

(12) 编写程序,输出如下所示的高度为 n 的图形(例如 $n=6$ 时的数字倒三角)。

```
1   3   6   10  15  21
2   5   9   14  20
4   8   13  19
7   12  18
11  17
16
```

第 5 章

函　数

5.1　知识点梳理

1. 函数的定义

函数的定义形式：

> 函数类型　函数名 (类型 形参 1,类型 形参 2, …)
> {
> 　　声明语句
> 　　可执行语句
> }

其中：

（1）函数名是合法标识符,命名规则与变量一样,通常使用有意义的符号来表达。

（2）函数类型是函数返回值的数据类型,当函数的返回值为 int 型时,函数类型可以省略。

（3）函数分为有参函数和无参函数两种形式,对于有参函数,在函数定义时必须分别定义所有形参的类型,形参与形参之间用逗号分隔；对于无参函数,函数名后的括号不能省略。

（4）函数体用一对花括号{}括起,可以有声明语句和可执行语句。声明语句是对函数中使用的变量和被调函数的原型进行定义和声明,可执行语句是实现该函数功能的 C 语句序列。

2. 函数的返回语句 return

return 语句的一般形式：

return(表达式)；　或　return 表达式；

功能：程序执行到某函数中的 return 语句时,即可返回到调用该函数的函数,同时向调用它的函数送回计算结果(函数返回值)。

执行过程：先计算 return 语句后面表达式的值，再将计算结果返回给调用它的函数，同时将程序执行的控制权交还给调用它的函数。

3. 函数的调用

函数调用的一般形式：

函数名 (实参表)

在实参表中，实参的个数与顺序必须和形参的个数与顺序相同，实参的数据类型也应和形参的数据类型一致。实参的作用就是把参数的具体数值传递给被调用的函数。

函数调用的执行过程：

（1）对于有参函数，先计算各实参表达式的值，然后一一对应赋给相应的形参；对于无参函数，则不执行此操作。

（2）进入被调函数，执行函数中的语句，当执行到 return 语句时，计算并带回 return 语句中的表达式值（无返回值的函数不计算），返回主调函数。如果被调函数中无 return 语句，则执行到函数体的右花括号 } 返回主调函数。

（3）继续执行主调函数中函数调用的后续语句。

函数调用的方式有 3 种，即函数调用语句方式、函数表达式方式、函数参数方式。

4. 函数的参数传递

在 C 程序中，当形参为简单变量时，均采用**值传递方式**。所谓值传递方式是指当函数被调用时，系统才为形参变量分配存储单元，并将实参的值赋给形参对应的存储单元。被调函数在执行过程中使用的是形参变量，形参的任何变化不会影响实参的值。在函数调用结束后，系统将收回为形参变量分配的存储单元。

在这种传递方式下，实参可以是变量、常量、表达式，主调函数中的实参存储位置与被调函数中的形参存储位置是互相独立的，被调函数中对形参的操作不影响主调函数中的实参值，因此只能实现数据的单向传递，即在调用时将实参值传给对应形参。

5. 函数的原型声明

在 C 程序中，若被调函数的定义是在其主调函数的定义之后，需要通过**函数原型**对被调函数进行**声明**，否则会引起程序出错。函数原型声明有以下两个作用：

（1）表明函数返回值的类型，使编译系统能正确地编译和返回数据；

（2）表明形参的类型和个数，供编译系统进行检查。

函数原型声明可采用以下两种形式之一。

形式 1：

函数类型　函数名 (形数 1 类型, 形数 2 类型, …);

形式 2：

函数类型　函数名 (类型　形参名 1, 类型　形参名 2, …);

函数原型一般放在程序的开头部分(在所有函数定义之前)或主调函数的说明部分。其中,函数类型、函数名、参数类型、参数个数、参数顺序应与函数定义中的一致。

6. 函数的嵌套调用

Ｃ程序允许在一个函数的定义中出现对另一个函数的调用,即在被调函数中又可调用其他函数,这种调用方式称为函数的嵌套调用。其关系如图 5-1 所示。

图 5-1 中函数嵌套调用的执行过程:从 main 函数开始执行,当执行到 main 函数中调用 a 函数的语句时,转去执行 a 函数,在 a 函数中执行到调用 b 函数语句时,又转去执行 b 函数,b 函数执行完毕后返回 a 函数的调用处继续执行,a 函数执行完毕后返回 main 函数的调用处继续执行。

图 5-1　函数的嵌套调用

7. 函数的递归调用

在 Ｃ 程序中,一个函数在它的函数体内直接或间接调用它自身称为**递归调用**,这种函数称为**递归函数**。

递归是一种可以根据函数自身来定义问题的编程技术,它是通过将问题逐步分解为与原始问题类似的更小规模的子问题来解决的。一个递归调用函数必须包含两个部分:

(1) 由其自身定义的与原始问题类似的更小规模的子问题,使递归过程持续进行;

(2) 递归调用的最简形式,它是能够用来结束调用过程的条件。

递归调用的执行过程可以分为"回推"和"递推"两个阶段。

8. 局部变量与全局变量

局部变量也称为**内部变量**,它是在函数内定义的变量。其作用域仅限于函数内,离开该函数后再使用这种变量就是非法的。

全局变量也称为**外部变量**,它是在函数外部定义的变量。其作用域是从定义位置开始到本程序文件的末尾。

如果同一个源文件中存在同名的全局变量与局部变量,则在局部变量的作用范围内,全局变量被"屏蔽",即它不起作用。

9. 变量的存储类别

由于在 Ｃ 语言中每个变量都有两个属性:数据类型和存储类型。因此,变量定义的一般形式为:

　　存储类型　数据类型　变量名表;

其中,数据类型是指变量所持有数据的性质,如 int 型、long 型、float 型等;存储类型是指变量数据的存储区域,可分为两大类,即静态存储类和动态存储类,具体又分为自动类型(auto)、寄存器类型(register)、静态类型(static)和外部类型(extern)4 种。

5.2 编 程 技 能

1. 模块化程序设计

按照模块化程序设计思想,任何复杂的任务都可以划分为若干子任务。如果若干子任务仍较复杂,还可以将子任务继续分解,直到分解成为一些简单的、易解决的子任务为止。可见,若要设计一个规模较大的程序,大家必须掌握模块化程序设计方法。

C 语言中的函数是功能相对独立的、用于模块化程序设计的最小单位,因此,在 C 程序中可以把每个子任务设计成一个函数,总任务由一个主函数和若干函数组成的程序完成。

模块化程序设计的好处是,可以先将模块各个"击破",最后将它们集成在一起完成总任务。这样不仅便于进行单个模块的设计、开发、调试、测试和维护等工作,还可以使程序员能够合作,按模块分配和完成子任务,有利于缩短软件开发的周期,也有利于模块的复用,从而提高软件生产率和程序质量。

模块化程序设计是将系统划分为若干子系统,将任务分解为若干子任务,其基本思想是要实现不同层次的数据或过程的抽象。在每个模块的设计过程中,可以采用"自顶向下、逐步细化"的方法进行模块化程序设计。下面通过一个实例来展现"自顶向下、逐步细化"的模块化程序设计方法的设计过程。

【例 5-1】 编写程序,按照下面的格式输出杨辉三角形。由键盘输入共需要输出的行数 n,当输入 $n=0$ 的时候结束。例如:

```
n=6
1
1  1
1  2  1
1  3  3  1
1  4  6  4  1
1  5  10  10  5  1
n=3
1
1  1
1  2  1
n=0
end
```

首先根据数学知识,杨辉三角形 m 行 n 个元素的计算生成公式为 $C_m^n = \dfrac{m!}{n!(m-n)!}$。

由于有 3 个阶乘要求,因此将求阶乘的部分独立出来作为函数处理,其 N-S 框图如图 5-2 所示。

在设计算法的时候,遵循"自顶而下,逐步细化"的原则。任务要求反复输入 n 的值,

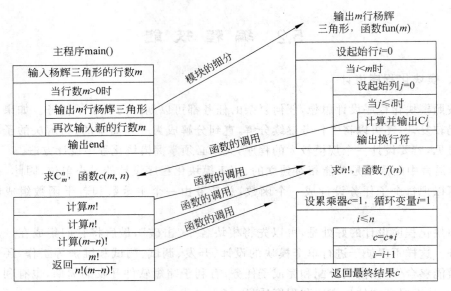

图 5-2　算法的细化

直到 n 的值为 0 时停止,因此是一个"输入—计算—输出"的反复循环过程。根据这个分析,设计出主函数的第一步 N-S 框图(图 5-2 左上),该 N-S 图体现了**"输入—计算—输出"**循环的初步分析。由于**"计算—输出"**过程比较复杂,涉及多个数据的输出和输出格式的控制。因此需要进一步细化。由前面的示例输出结果可以看出,对于每一项输入 m,其**"计算—输出"**的结果是一个 m 行的三角形,每一行的输出和数据个数和行数有关,由第 4 章知识可以判断,可采用二重循环(N-S 框图见图 5-2 右上)。每输完一行需要输出一个换行符,所输出的每个数据均有计算公式。由于求 C_i^j 的计算是一个较为常见的计算,因此,可以把这个计算独立为一个函数 c(N-S 框图见图 5-2 左下)。同理,将求阶乘 $n!$ 的计算独立为一个函数 f(N-S 框图见图 5-2 右下),由此可以构造出整个程序的结构。

相应程序代码如下:

```c
#include <stdio.h>
void fun(int m);
int c(int m,int n);
int f(int n);
void main()
{   int m;
    scanf("%d",&m);
    while(m>0)
    {   fun(m);
        scanf("%d",&m);
    }
    printf("end\n");
}
void fun(int m)
```

```
{    int i,j;
     for(i=0;i<m;i++)
     {    for(j=0;j<=i;j++)
              printf("%4d",c(i,j));
          printf("\n");
     }
}
int c(int m,int n)
{    return f(m)/(f(n) * f(m-n));
}
int f(int n)
{    int c,i;
     for(c=1,i=1;i<=n;i++)
          c=c * i;
     return   c;
}
```

2．VC++ 6.0 环境中的函数调用栈分析

1）观察函数调用栈

【例 5-2】 输入以下程序并编译通过（其中的 1～15 是人为添加的行号，不是程序的一部分）：

```
1     #include "stdio.h"
2     int fun(int n)
3     {
4         int    result;
5         if (n==1)
6             result=1;
7         else
8             result=fun(n-1) * n;
9         return result;
10    }
11    void main()
12    {
13        int   n=4;
14        printf("%d",fun(n));
15    }
```

单击 按钮单步执行，或者按 F11 键进入程序，观察到执行光标多次反复进入到 fun 函数中，在第 4 次进入 fun 时，用 View 菜单下 Debug Windows 中的 CALL Stack 选项打开函数调用栈，会发现 VC 中开了一个小窗口，大致内容如下：

```
fun(int 1) line 6
fun(int 2) line 8 +12 bytes
```

```
fun(int 3) line 8 +12 bytes
fun(int 4) line 8 +12 bytes
main() line 14 +9 bytes
mainCRTStartup() line 206 +25 bytes
KERNEL32! 7c816fd7()
```

最上面的函数是当前程序的执行函数，下方为函数的主调函数，程序先调用 main()，然后调用 fun(4)，在 fun(4) 中调用 fun(3)，在 fun(3) 中调用 fun(2)，依此类推。继续按 F11 键直到函数开始返回，随着函数的返回，大家可以发现调用栈的内容变短了，说明程序开始返回。具体的运行情况如下：

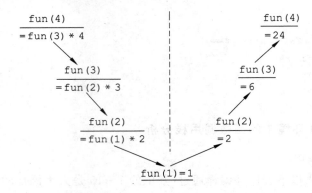

即

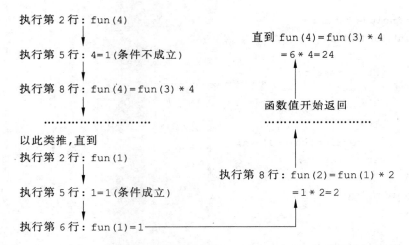

注意：编写递归函数时，必须在函数中增加递归的中止条件，通常用 if 语句，该语句在某种条件满足下，中止递归过程，以避免函数无休止地反复调用。

2）观察函数的局部变量，记录不同函数调用层次中的变量地址和值

若程序正在执行，单击 ■ 按钮或者按 Ctrl＋Shift＋F5 组合键重新执行程序。若程序已中止，则单击 ■ 按钮重新开始单步执行。在观察窗口中（如图 5-3 所示）添加两个变量：&result 和 &n，分别表示局部变量 result 的地址和形参 n 的地址，记录下每次 &result 和 &n 的变化，可以发现，在每次调用函数时，形参 n 和 result 的地址都不相同。

但是如果由调用函数返回到主调函数中,它们的值恢复为调用前主调函数的值。这说明函数在动态执行过程中有自己独立的变量地址,和其他函数甚至和本函数的另一次执行互不干扰。

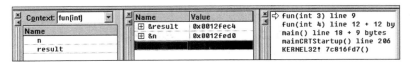

图 5-3　在运行过程中增加对局部变量的观测

　　小技巧:若屏幕上各种工具窗口占据了太多的屏幕空间,可以拖动工具窗口标题到 VC 边框上,这些窗口会停靠(docking)到 VC 的边缘,如图 5-4 所示。

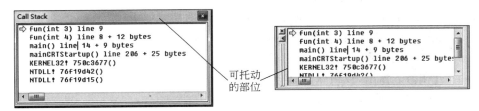

图 5-4　拖动工具窗口标题可以停靠到 VC 的 4 个边框上

3)灵活使用 Variables 观察上下文

　　VC 中一个非常有用的工具窗口是 Variables,图 5-5 显示了 Variables 工具窗口中的各个元素。

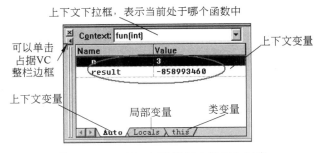

图 5-5　Variables 工具窗口中的各个元素

　　随着语句的执行,上下文变量在发生变化。通常,上下文变量显示的是本行刚执行过的语句和下一行待执行语句中所涉及的变量。另外一个非常有用的功能是 Context 下拉框,单击下拉框右边的箭头，可以明确地看到函数调用的层次。用户可以通过选择不同的调用层次,快速切换到调用函数的上下文中,如图 5-6 所示。

图 5-6　切换到不同调用函数

当切换到其他执行函数时,正在执行调用的函数左边出现的是箭头▷,而箭头⇨表示正在执行的语句行。若是程序规模比较庞大,可以通过 Debug 工具栏上的⇨按钮快速切换到正在执行的上下文。

5.3　案 例 拓 展

按照模块化程序设计思想,一个大的任务可以分解为若干子任务,通过采取分而治之的方法,可以降低程序的复杂性,增强重用性和可靠性,从而提高软件开发的效率。因此,本章采用模块化程序设计方法,进一步拓展学生成绩管理程序的功能,即将程序按任务要求分解为若干子任务,并用相应的函数实现。

在本章中,程序包含以下几个函数,各函数相应的功能如下。

(1) main 函数:显示主菜单,并根据用户选择调用相应函数;

(2) input 函数:输出"成绩输入"信息;

(3) del 函数:输出"成绩删除"信息;

(4) find 函数:输出"成绩查找"信息;

(5) sort 函数:输出"成绩排序"信息;

(6) display 函数:输出"显示成绩"信息。

以上各函数功能的具体实现将在第 7 章详细介绍。

程序代码如下:

```c
#include "stdio.h"
#include "stdlib.h"
#include "conio.h"
void input()                              /* 显示成绩输入 */
{
    printf("成绩输入\n");
    printf("按任意键继续");
    getch();
}


void del()                                /* 显示成绩删除 */
{
    printf("成绩删除\n");
    printf("按任意键继续");
    getch();
}


void find()                               /* 显示成绩查找 */
{
    printf("成绩查找\n");
    printf("按任意键继续");
```

```
        getch();
    }

    void sort()                                    /* 显示排序 */
    {
        printf("成绩排序\n");
        printf("按任意键继续");
        getch();
    }
    void display()                                 /* 显示成绩 */
    {
        printf("显示成绩\n");
        printf("按任意键继续");
        getch();
    }
    void menu()                                    /* 显示菜单 */
    {
        system("cls");                             /* 清屏 */
        printf("\n\n\n\t\t\t    欢迎使用学生成绩管理系统\n\n\n");
        printf("\t\t\t********************************\n");
        printf("\t\t\t *           主菜单            * \n");     /* 主菜单 */
        printf("\t\t\t********************************\n\n\n");
        printf("\t\t    1  成绩输入      2  成绩删除\n\n");
        printf("\t\t    3  成绩查询      4  成绩排序\n\n");
        printf("\t\t    5  显示成绩      6  退出系统\n\n");
        printf("\t\t       请选择[1/2/3/4/5/6]: ");
    }
    void main()
    {
        int j;
        while(1)
        {   menu();                                /* 调用菜单显示函数 */
            scanf("%d",&j);
            switch(j)
            {
                case  1:  input(); break;
                case  2:  del(); break;
                case  3:  find(); break;
                case  4:  sort(); break;
                case  5:  display(); break;
                case  6:  exit(0);
            }
        }
    }
```

实训 9　函数的定义与调用

1. 实训目的

(1) 掌握函数的定义方法；
(2) 掌握函数的调用方法；
(3) 掌握模块化编程方法。

2. 实训内容

(1) 完善程序：下面给定程序中 fun 函数的功能是输入整数 n 并计算 n 的阶乘。
程序代码如下，但不完整，请补充完整：

```
#include <stdio.h>
double fun(     ①     )
{
    double     ②     ;
    if(n<0)
        return -1;
    else
    {
        while(n>1&&n<170)
            result *=     ③     ;
        return  result;
    }
}
void main()
{
    int n;
    scanf("%d",&n);
    printf("\n%d=%lf\n",n,fun(n));
}
```

预习要求：读懂程序思路，并将程序补充完整。填写如表 5-1 所示的测试用表，设计 3 组测试用例并给出标准运行结果。

上机要求：记录编译调试过程中发生的错误，并记录运行结果。

表 5-1　题(1)的测试用表

序　　号	测试输入	测试说明	标准运行结果	实际运行结果
1		$n<1$		
2		$1\leqslant n<170$		
3		$n\geqslant170$		

（2）程序改错：在下列给定程序中，函数 fun 的功能是计算以下公式的值。程序中有错误，请改正。

$$y = \frac{1}{100 \times 100} + \frac{1}{200 \times 200} + \frac{1}{300 \times 300} + \cdots \frac{1}{m \times m}$$

```
#include <stdio.h>
int fun(int   m)
{   double   y=0;
    int    i,d;
    for(i=100,i<=m,i+=100)
    {
        d=i * i;
        y+=1/d;
    }
    return(y);
}
void main( )
{
    int   n=2000;
    printf("\nThe result is %lf\n",fun(int n));
}
```

预习要求：读懂程序思路，找出程序中的错误并改正。

上机要求：记录编译调试过程中发生的错误，并记录运行结果。

（3）编写程序：编写 fun 函数，其功能是利用以下简单迭代方法求方程 $\cos(x) - x = 0$ 的一个实根，并要求绝对误差不超过 10^{-6}。

$$x_{n+1} = \cos(x_n)$$

迭代步骤如下：

① 取 x_1 初值为 0；

② $x_0 = x_1$；

③ $x_1 = \cos(x_0)$，求出一个新的 x_1；

④ 若 $|x_1 - x_0|$ 小于 10^{-6}，则执行⑤，否则执行②；

⑤ 所求 x_1 就是方程的一个实根。

部分程序代码如下：

```
#include<stdio.h>
#include<math.h>
float fun(float);
void main()
{   float x;
    x=0;
    printf("root=%.2f\n",fun(x));
}
```

```
float fun(float x1)
{

}
```

预习要求：画出 fun 函数的流程图并编写函数。

上机要求：记录编译调试过程中发生的错误，并记录运行结果。

提示：

① 整理方程为迭代公式 $x=\cos(x)$，然后设计循环实现迭代过程，直到满足设置精度为止；

② 将计算的值返回给主函数。

(4) 编写程序：从键盘任意输入一个整数 n，计算并输出 $1\sim n$ 的所有素数之和。

要求：

① 编写一个 fun 函数判别某数是否为素数；

② 编写一个主函数，调用 fun 函数找出 $1\sim n$ 之间的所有素数，求素数和，并输出该和。

预习要求：分别画出各函数的流程图并编写相应程序，填写如表 5-2 所示的测试用表，设计一组测试用例并给出标准运行结果。

上机要求：记录编译调试过程中发生的错误，并记录运行结果。

提示：

① 设计主函数，输入 n 的值，求素数和，输出计算结果；

② 设计 fun 函数，判别某数是否为素数，若是则返回 1，否则返回 0；

③ 要注意 fun 函数和主函数定义的前后位置，以及相应形参和实参的一致性问题。

表 5-2　题（4）的测试用表

序　　号	测试输入	标准运行结果	实际运行结果

3. 常见问题

函数定义和调用的常见问题如表 5-3 所示。

表 5-3　函数定义和调用常见问题

常见错误实例	常见错误描述	错误类型

`int fun(int a,b)`
`{`
`   ...`
`}`
	在函数定义时，省略了形参表中形参 b 的类型声明	语法错误

续表

常见错误实例	常见错误描述	错误类型

int fun(int a,int b);
{
  …
}
	定义函数时,在函数首部的行末多写了一个分号	语法错误

int fun(int a,int b)	在函数原型声明的末尾忘了写分号	语法错误
Z=fun(int x,int y);	函数调用的实参表示出错	语法错误

4. 分析讨论

参考问题:

(1) 定义函数要注意哪些问题?

(2) 形参和实参有何关系?它们之间是如何传递数据的?

(3) 程序是如何执行函数调用的?

(4) 在什么情况下必须要有函数的原型声明?

实训 10 函数的嵌套调用和递归调用

1. 实训目的

(1) 掌握函数的嵌套调用方法;

(2) 掌握函数的递归调用方法;

(3) 进一步巩固和掌握模块化编程方法。

2. 实训内容

(1) 完善程序:在下面给定程序中,函数 fun 的功能是用递归方法计算斐波那契数列中第 n 项的值。

从第一项起,斐波那契数列为 1、1、2、3、5、8、13、21、…,例如,若输入 7,该项的斐波那契数为 13。

程序代码如下,但不完整,请补充完整:

```
#include <stdio.h>
long  fun(int  g)
{
    switch(g)
    {   case  0 : return  0;
        case  1 :
        case  2 :    ①    ;
    }
}
```

```
        return ____②____;
}
void main()
{
        long  fib;
        int  n;
        printf("Input  n:");
        scanf("%d",&n);
        printf("n=%d\n", n);
        fib=____③____;
        printf("fib=%ld\n",fib);
}
```

预习要求：读懂程序思路，并将程序补充完整。填写如表 5-4 所示的测试用表，设计一组测试用例并给出标准运行结果。

上机要求：记录编译调试过程中发生的错误，并记录运行结果。

表 5-4　题(1)的测试用表

序　　号	测试输入	标准运行结果	实际运行结果

(2) 程序改错：在下列给定程序中，fun 函数的功能是为一个不小于 6 的偶数寻找两个素数，这两个素数之和等于该偶数。

下列程序中有错，请改正。

```
#include  <stdio.h>
#include  <math.h>
void  fun(int  a)
{   int  i,j,d,y;
    for(i=3;i<=a/2;i=i+2)
    {   y=0;
        for(j=1;j<=sqrt((double)i);j++)
            if(i%j==0)  y=0;
        if (y==1)
        {   d=i-a;
            for(j=1;j<=sqrt((double)d);j++)
                if(d%j==0)  y=0;
            if(y==1)
                printf ("%d=%d+%d\n",a,i,d);
        }
    }
}
void main()
{   int n;
```

```
do{
    printf("\n Input n:: ");
    scanf("%d", &n);
}while(n%2==0);
fun(n);
}
```

预习要求：读懂程序思路，找出程序中的错误并改正。填写如表 5-5 所示的测试用表，设计 3 组测试用例并给出标准运行结果。

上机要求：记录编译调试过程中发生的错误，并记录运行结果。

表 5-5　题（2）的测试用表

序　　号	测试输入	标准运行结果	实际运行结果
1			
2			
3			

（3）编写程序：从键盘输入一个正整数 m，若 m 不是素数，输出其所有的因子（不包括 1 和本身），否则输出其为素数的信息。例如 $m=8$，输出 2、4；再如 $m=7$，输出"It is a prime number"。

请按要求编写 fun1 函数和 fun2 函数：

① fun1 函数的功能是判别 m 是否为素数，若不是素数，则调用 fun2 函数，否则输出其为素数的信息；

② fun2 函数的功能是找出并显示 m 不是素数时的所有因子（不包括 1 和本身）。

部分程序代码如下：

```
#include  <stdio.h>
#include  <math.h>
void  fun2(int m)
{

}
void  fun1(int  m)
{


}
void main( )
{   int n;
    scanf("%d",&n);
    fun1(n);
}
```

预习要求：分别画出两个函数的流程图并编写相应程序，填写如表 5-6 所示的测试用表，设计两组测试用例并给出标准运行结果。

上机要求：记录编译调试过程中发生的错误，并记录运行结果。

提示：

① 设计 fun1 函数，先判别 m 是否为素数，若是素数则按要求输出，否则调用 fun2 函数；

② 设计 fun2 函数，找出 m 的所有因子时可取 $2 \sim m/2$ 范围的数进行判断；

③ 注意 3 个函数的调用关系，以及相应形参和实参的一致性问题。

表 5-6　题(3)的测试用表

序　　号	测试输入	标准运行结果	实际运行结果
1			
2			

（4）编写程序：编写一个程序来帮助小学生学习四则运算，按下列要求编程。

① 先随机产生两个 $1 \sim 10$ 的正整数，在屏幕上打印出问题，例如：

5+3=?

5-3=?

5 * 3=?

5/3=?

② 学生答题。程序检查学生输入的答案是否正确，若正确，则输出"Right!"；否则，输出"Wrong! Please try again!"，然后提示学生重做，直到答对为止。

③ 回到①产生下一个问题(一共 10 个问题)，学生继续答题。

要求：

① 编写一个 fun1 函数产生并打印出问题。

② 编写一个 fun2 函数检查学生输入的答案是否正确，若正确，则输出"Right!"；否则，输出"Wrong! Please try again!"，然后提示学生重做，直到答对为止。

③ 编写一个主函数，调用函数完成程序功能。

预习要求：分别画出各个函数的流程图并编写相应程序。

上机要求：记录编译调试过程中发生的错误，并记录运行结果。

提示：

① 设计主函数，先调用 fun1 函数出题，然后输入学生的答案，再调用 fun2 函数检查；

② 设计 fun1 函数，先随机产生两个 $1 \sim 10$ 的整数，然后将大数作为第一个运算量，将小数作为第二个运算量，显示出问题；

③ 设计 fun2 函数，检查学生的回答是否正确；

④ 本程序的设计可参考第 4 章的实例。

3. 常见问题

函数嵌套调用和递归调用的常见问题如表 5-7 所示。

表 5-7　函数嵌套调用和递归调用常见问题

常见错误实例	常见错误描述	错误类型

``void fun(int a,int b)
{
    return a+b;
}```
	从返回值类型为 void 的函数中试图返回一个值	警告

``void fun(int a,int b)
{
    int a,b;
    …
}```
	在函数体中重复定义了形参变量	语法错误

``int fun1(int a)
{
    int fun2(int b)
    {…}
    …
}```
	在一个函数体内定义另外一个函数	语法错误

4. 分析讨论

参考问题：

（1）函数的嵌套调用是如何执行的？

（2）设计递归函数时要注意哪些问题？

（3）函数的递归调用是如何执行的？

练　习　5

（1）以下程序的功能是求 3 个数的最小公倍数，请完善程序。

```
#include <stdio.h>
int max(int x,int y,int z)
{   if(x>y&&x>z)
        return(x);
    else  if(____①____)
        return(y);
    else  if(____②____)
        return z;
}
```

```c
void main()
{    int x1,x2,x3,i=1,j,x0;
     printf("Input 3 number:");
     scanf("%d%d%d",&x1,&x2,&x3);
     x0=max(_____③_____);
     while(1)
     {    j=x0 * i;
          if(_____④_____) break;
          i=i+1;
     }
     prinrf("j=%d\n",j);
}
```

（2）以下程序的功能是用二分法求方程 $2x^3 - 4x^2 + 3x - 6 = 0$ 在区间 $[-100,90]$ 上的一个根，要求绝对误差不超过 0.001，请完善程序。

```c
#include <stdio.h>
float f(float  x)
{
     return(2 * x * x * x - 4 * x * x + 3 * x - 6);
}
void main()
{    float  m=-100,n=90,r;
     r=(m+n)/2;
     while(f(r) * f(n)!=0)
     {    if(_____①_____) m=r;
          else  n=r;
          if(_____②_____) break;
          _____③_____;
     }
     printf("The fang cheng jie is %6.3f\n",r);
}
```

（3）以下程序的功能是计算学生的年龄。已知第一位最小的学生年龄为 10 岁，其余学生的年龄一个比一个大两岁，求第 5 个学生的年龄，请完善程序。

```c
#include <stdio.h>
int age(int n)
{    int c;
     if(n==1) c=10;
     else c=_____①_____;
     return(c);
}
void main()
```

```
{   int n=5;
    printf("age:%d\n", _____②_____ );
}
```

（4）以下程序的功能是输入 n 值，输出高度为 n 的等边三角形。例如，$n=4$ 时的图形如下：

```
      *
     ***
    *****
   *******
```

请完善程序。

```
#include <stdio.h>
void prt( char c,int n)
{   if(n>0)
    {   printf("%c",c);
        _____①_____ ;
    }
}
void main()
{   int i,n;
    scanf("%d",&n);
    for(i=1;i<=n;i++)
    {   _____②_____ ;
        _____③_____ ;
        printf("\n");
    }
}
```

（5）用函数编程输出将一元人民币兑换成 1 分、2 分和 5 分硬币的不同兑换方法。

（6）用函数编程显示 200 以内的完全平方数和它们的个数（完全平方数：$A^2+B^2=C^2$，求 A、B、C）。

（7）求解爱因斯坦数学题。有一条长阶梯，若每步跨 2 阶，则最后剩余 1 阶；若每步跨 3 阶，则最后剩 2 阶；若每步跨 5 阶，则最后剩 4 阶；若每步跨 6 阶，则最后剩 5 阶；若每步跨 7 阶，则最后一阶不剩，用函数编程求这条阶梯共有多少阶。

（8）已知求正弦 $\sin(x)$ 的近似值的多项式公式如下，用函数编写程序，输入 x 和 ε，计算 $\sin(x)$ 的近似值，要求计算的误差小于给定的 ε。

$$\sin(x)=x-\frac{x^3}{3!}+\frac{x^5}{5!}-\frac{x^7}{7!}+\cdots+(-1)^n\cdot\frac{x^{2n+1}}{(2n+1)!}+\cdots$$

（9）用函数编写程序计算下式的值。

$$\sum_{k=1}^{100}k+\sum_{k=1}^{50}k*k+\sum_{k=1}^{10}\frac{1}{k}$$

（10）一辆卡车违反交通规则，撞人逃跑。现场有三人目击事件，但都没记住车号，只记下车号的一些特征。甲说：牌照的前两位数字是相同的；乙说：牌照的后两位数字是相同的；丙是位数学家，他说：四位的车号刚好是一个整数的平方。请根据以上线索求出车号，要求用函数编程。

（11）用函数编写程序求出 1000！后有多少个 0。

（12）用函数编写程序，输入 n 值，输出如图 5-7 所示的图形（$n=5$ 时的 N 形）。

```
*       *
* *     *
*   *   *
*     * *
*       *
```

图 5-7　$n=5$ 时的 N 形

第6章

预处理命令

6.1 知识点梳理

1. 宏定义

无参数的宏定义的一般形式为:

#define 宏名 符号串

有参数的宏定义的一般形式为:

#define 宏名(参数表) 符号串

有参数的宏展开分为两步:第一步是正确找出参数的值,第二步是将第一步得到的参数值代入符号串,将结果替换宏名。

在有参数的宏定义中,为避免出错,**符号串和参数均用括号括起来**。例如:

```
#include <stdio.h>
#define  PI  3.1415926
#define  S(r)  (PI*(r)*(r))              /*用PI*r*r可能引起逻辑错误*/
void main()
{   float  a, area1, area2;
    a=3.6;
    area1=S(a);
    area2=S(a+3);
    printf("r=%f\n area=%f\n", a,area1);
    printf("r=%f\n area=%f\n", a+3,area2);
}
```

2. 文件包含

文件包含命令行的一般形式为:

#include "文件名" 或 #include <文件名>

使用""表示预处理程序先在源文件所在的目录中查找,如果没有找到,再到系统目录中查找,如果再找不到,就报错;使用< >仅仅在系统目录中查找,如果找不到,就报错。

3. 条件编译

条件编译有 3 种形式。

形式 1:

```
#ifdef   标识符
       程序段 1
    [#else
       程序段 2]
    #endif
```

功能:如果标识符已被 #define 命令定义过,则对程序段 1 进行编译,否则对程序段 2 进行编译。

形式 2:

```
#ifndef   标识符
       程序段 1
    [#else
       程序段 2]
    #endif
```

功能:如果标识符未被 #define 命令定义过,则对程序段 1 进行编译,否则对程序段 2 进行编译。这与第一种形式的功能正好相反。

形式 3:

```
#if 常量表达式
       程序段 1
    [#else
       程序段 2]
    #endif
```

功能:如常量表达式的值为真(非 0),则对程序段 1 进行编译,否则对程序段 2 进行编译。

6.2　编程技能

1. VC++ 6.0 的项目管理

选择"工程"|"设置"命令,弹出 Project Settings 对话框,在"设置"下拉列表框中选择 Win32 Debug 版本,再选择 C/C++ 选项卡,在"分类"下拉列表框中选择"预处理器"选项,如图 6-1 所示,在"预处理器定义"文本框中出现了系统已经定义的宏名。

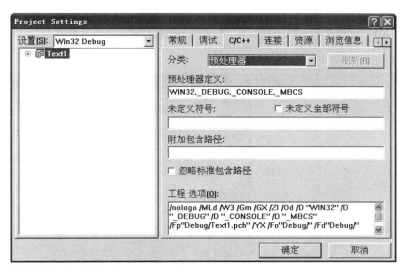

图 6-1　Debug 版本的预处理界面

在"设置"下拉列表框中选择 Win32 Release 版本，设置 C/C++ 选项卡中的选项同上，会显示如图 6-2 所示的界面。

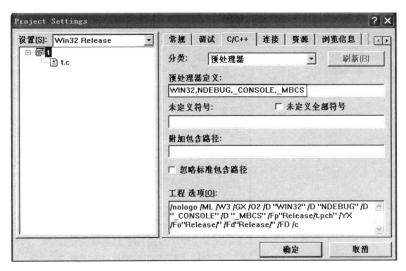

图 6-2　Release 版本的预处理界面

对比图 6-1 和图 6-2，大家可以看到同一个工程 Debug 版（调试版本）和 Release 版（发布版本）在宏定义上不同，Debug 版是_DEBUG，而 Release 版是 NDEBUG。Debug 版本包含调试信息，并且不做任何优化，便于程序员调试程序。Release 版本往往是进行了各种优化，使得程序在代码大小和运行速度上都是最优的，以便于用户很好地使用。在条件编译中灵活运用_DEBUG 和 NDEBUG 能给程序开发带来很大的便利。

在软件的实际开发过程中，可能需要以第三方库作为平台，需要把第三方库的头文件和目标文件包含进来，为方便编程，通常把头文件的目录填在如图 6-3 所示的"附加包含路径"文本框中。然后单击"连接"标签,如图 6-4 所示,如果程序需要第三方库的目标文件,将目标文件填写在"对象/库模块"中,然后在"附加库路径"中填写该目标文件所在的目录。

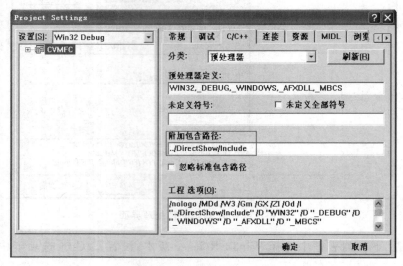

图 6-3　附加包含路径

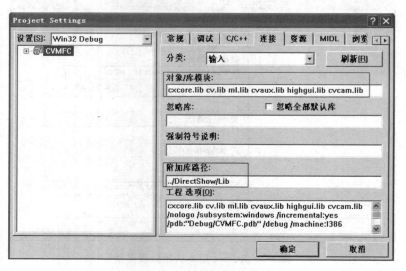

图 6-4　连接界面

　　用户在编写程序时都会加上 #include <stdio. h>命令,即把 stdio. h 文件的内容包含进来,在输入/输出数据时,会调用 printf 和 scanf 等库函数,这些函数内部的实现过程用户是看不见的,它们已经生成了目标文件,在连接时,将源程序对应的目标文件和这些库函数对应的目标文件连接起来,生成 EXE 文件。问题是:VC 是如何找到 stdio. h 文件以及包含 printf、scanf 等函数内部实现过程的目标文件呢? 在 VC 界面上,选择"工具"|"选项"命令,在弹出的对话框中选择"目录"选项卡,在"目录"下拉列表框中选择

Include files 选项,如图 6-5 所示,下面的"路径"列表框中默认列出了 3 个路径,编译器是按照这 3 个路径去寻找 stdio.h 等头文件的。在"目录"下拉列表框中选择 Library files 选项,界面如图 6-6 所示,下面的列表框中默认列出了两个路径,库函数对应的目标文件是按照这两个路径搜索的。

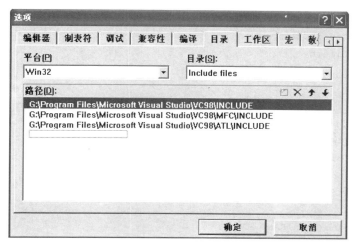

图 6-5　Include files 列表框的界面

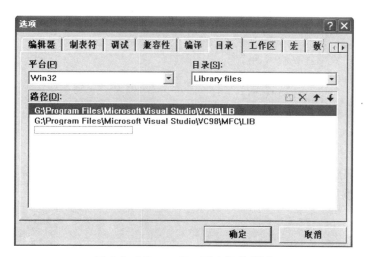

图 6-6　Library files 列表框的界面

2. VC++ 6.0 多文件管理

通常,一个项目中只能有一个 main 函数,但是一个项目中可以包含多个源程序文件。例如下面的操作,在一个项目中包含了 main.c、IsPrime.c 和 Prime.h 3 个文件。

首先创建 C_Learn 工作区,然后选择"文件"|"新建"|"工程"命令,在弹出的对话框中选择 Win32 Console Application 选项,在右边选择"添加至现有工作区"单选按钮,在上面的"工程"文本框中输入 P6_1,单击"确定"按钮。之后选择"An empty project"单选

按钮,单击"完成"按钮生成新的空白项目 P6_1。在"文件"菜单中选择"新建",在"文件"选项卡中选择 C++ Source File 选项,在文件名的位置指定 main.c,创建一个新的源文件。

在 main.c 文件中输入以下程序:

```c
#include <stdio.h>
#include <stdlib.h>
#include <time.h>

void main()
{
    int n,m,i=0,k=0;
    printf("输入生成质数的范围:");
    scanf("%d",&n);
    srand((unsigned)time(NULL));
    while(i<30)
    {
        m=rand() * n/RAND_MAX;
        if(IsPrime(m))
        {
            printf("%d",m);
            k++;
            if(k%5==0)
                printf("\n");
            else
                printf("\t");
        }
    }
}
```

注意黑体部分,IsPrime 函数表示想调用这个函数检测整型变量 m 是否为质数。向工程项目 P6_1 添加一个 IsPrime.c 文件,输入以下内容:

```c
int IsPrime(int n)
{
    int i;
    if(n<2)
        return 0;
    for(i=2;i<n;i++)
    if(n%i==0)
        return 0;
    return 1;
}
```

这样,P6_1 的文件中就有了两个源文件,添加的效果如图 6-7 和图 6-8 所示。

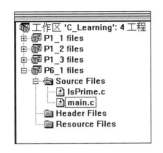

图 6-7　文件视图中反映出添加了新的文件

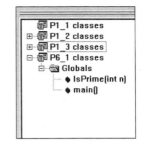

图 6-8　类视图中反映出添加了新的函数

如果此时对工程进行编译连接,会产生警告甚至错误,应该在 main.c 的开始处增加对 IsPrime 函数的声明 int IsPrime(int n),但更好的方法是为 IsPrime.c 增加一个接口头文件 Prime.h。

在"文件"菜单中选择"新建"命令,在弹出的对话框中选择 C/C++ Header File 选项,在"文件"文本框中输入 Prime,单击"确定"按钮,VC 会自动为该文件添加扩展名 .h。向这个文件里添加一行声明:

```
int IsPrime(int n);
```

保存以后可以看到,在工作区的文件视图里可以看到 Prime.h 出现在"Header File" 结点中,如图 6-9 所示。在 main.c 中增加对接口文件 Prime.h 的引用,下面的黑体字是增加的引用部分。

```
#include <stdio.h>
#include <stdlib.h>
#include <time.h>
#include "Prime.h"
```

再次编译程序,程序编译通过。打开"E:\C_Learn\P6_1\DEBUG",观察 IsPrime.c 编译生成了 IsPrime.obj,main.c 编译生成了 main.obj,然后 IsPrime.obj、main.obj 和其他库目标文件连接生成了 P6_1.exe,如图 6-10 所示。

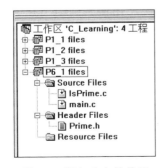

图 6-9　添加头文件效果

图 6-10　编译连接产生的文件

实训 11　预处理命令的应用

1. 实训目的

(1) 掌握宏定义的规则,领会带参数宏定义和函数调用的区别;

(2) 掌握文件包含命令的功能和使用规则;

(3) 掌握条件编译的特点和功能。

2. 实训内容

(1) 程序改错:下面程序的功能是完成代数式 $y = \dfrac{32}{x^2}$ 的计算,程序中有错误,请改正。

```
#define S(a) a*a
void main()
{
    int x;
    double y;
    printf("input a number:   ");
    scanf("%d",&x);
    y=32/S(x+1);
    printf("y=%f\n", y);
}
```

预习要求:阅读程序,当 $x=3$ 时,手工算出 y 的值是多少,以此验证程序,若有错误,请修改程序。

上机要求:记录编译调试过程中发生的错误,使用测试用例测试程序并记录运行结果。

(2) 编写程序:给年份 year 定义一个有参数宏 LEAP_YEAR(y),用于判断 year 是否为闰年,若是得 1,否则得 0。

预习要求:画出流程图并编写出程序,填写如表 6-1 所示的测试用表,至少设计两组测试用例并给出标准输出结果。

上机要求:记录编译调试过程中发生的错误,使用测试用例测试程序并记录实际运行结果。

提示:判断闰年的条件是能被 4 整除且不能被 100 整除,或者能被 400 整除的年。

表 6-1　题(2)的测试用表

序　　号	测试输入	测试说明	标准运行结果	实际运行结果
1				
2				

(3) 编写程序:通常在网络上输入完用户名后,还要输入密码,编程以条件编译的方式控制输入的密码是以原码显示,还是以 * 号代替。例如输入密码 123456,如果用原码

方式显示,结果是 123456,如果用 * 号显示,结果是******。

　　预习要求：画出流程图并编写出程序。填写如表 6-2 所示的测试用表,至少设计两组测试用例并给出标准输出结果。

　　上机要求：记录编译调试过程中发生的错误,使用测试用例测试程序并记录运行结果。

　　提示：本题的编程方法有多种。

方法 1：用条件编译命令

```
#ifdef  标识符
    程序段 1
#else
    程序段 2
#endif
```

方法 2：用条件编译命令

```
 #if 常量表达式
    程序段 1
#else
    程序段 2
#endif
```

表 6-2　题(3)的测试用表

序　　号	测试输入	测试说明	标准运行结果	实际运行结果
1				
2				

3. 常见问题

使用预处理命令时常见的问题如表 6-3 所示。

表 6-3　预处理命令使用时常见问题

常见错误实例	常见错误描述	错误类型
#define S(y) y*y	有参数宏的参数和最外层没有()	可能引起逻辑错误
#define MAX 3;	将预处理命令当成 C 语言语句,后面加了;	可能引起语法错误
```#define DEBUG void main() { ifdef DEBUG … else … }```	预处理命令未加 #	语法错误

4. 分析讨论

参考问题:

(1) 总结有参数宏定义与函数定义的区别与联系,什么时候用宏代替函数合适,什么时候不合适?

(2) 思考并动手实践文件包含命令中<>和""的区别与联系。

(3) 可以用♯include 命令包含类型名不是".h"的文件吗?

(4) 为提高程序的质量,如何使用好各种预处理命令。

练 习 6

(1) 编写程序,输入两个整数,求它们的余数。要求用带参的宏来实现。

(2) 编写程序,写出一个宏定义 ISALPHA(c),用于判断 c 是否为字母字符,若是得1,否则得 0。

第7章

数　　组

7.1　知识点梳理

1. 数组的定义和引用

数组是按序排列的相同类型数据的集合,构成数组的每一项数据称为**数组元素**或下标变量。C 语言规定,数组必须先定义后使用,在引用数组各元素时,要注意下标从 0 开始。例如:

(1) int a[5];

定义了一个长度为 5 的一维整型数组,对应数组元素分别是 a[0]、a[1]、a[2]、a[3]、a[4]。

(2) float b[2][3];

定义了一个两行三列的二维实型数组,对应数组元素分别是 b[0][0]、b[0][1]、b[0][2]、b[1][0]、b[1][1]、b[1][2]。

(3) char c1[10],c2[3][20];

分别定义了一个一维字符数组 c1 和一个二维字符数组 c2。

2. 数组的初始化

如果在定义数组时已知数组中各元素的值,可对数组进行初始化操作。例如:

(1) int a[5]={1,2,3,4,5}; 或 int a[]={1,2,3,4,5};

定义一维数组 a 并对所有元素初始化,即使 a[0]=1、a[1]=2、a[2]=3、a[3]=4、a[4]=5。

(2) int a[5]={1,2,3};

定义一维数组 a 并对部分元素初始化,即使 a[0]=1、a[1]=2、a[2]=3,而 a[3]、a[4]默认为 0。

(3) float b[2][3]={{1,2,3},{4,5,6}}; 或 int b[][3]={{1,2,3},{4,5,6}};

定义二维数组 b 并按行初始化,即使 b[0][0]=1、b[0][1]=2、b[0][2]=3、b[1][0]=4、b[1][1]=5、b[1][2]=6。

(4) float b[2][3]={{1,2},{3}}; 或 float b[][3]={{1,2},{3}};

定义二维数组 b 并按行对部分元素初始化，即使 b[0][0]＝1、b[0][1]＝2、b[1][0]＝3，而 b[0][2]、b[1][1]、b[1][2]默认为 0。

(5) float b[2][3]＝{1,2,3,4}；　　或　　float b[][3]＝{1,2,3,4}；

定义二维数组 b 并按数组在内存中的存储顺序对部分元素初始化，即使 b[0][0]＝1、b[0][1]＝2、b[0][2]＝3、b[1][0]＝4，而 b[1][1]、b[1][2]默认为 0。

(6) char c1[10]＝"hello"；

定义数组 c1 并用字符串初始化，即使 c1[0]＝'h'、c1[1]＝'e'、c1[2]＝'l'、c1[3]＝'l'、c1[4]＝'o'，而 c1[5]～c1[9]默认为'\0'。

3. 数组的输入/输出处理

对数值型数组的输入/输出处理要用循环来遍历各元素。例如：

(1) int a[6]；

输入数组各元素值可用以下循环，其中，循环变量 i 也代表了数组元素的下标：

```
for(i=0;i<6;i++)
    scanf("%d",&a[i]);
```

(2) float b[2][3]；

输出数组各元素值可用以下循环，其中，循环变量 i 代表了数组元素的行下标，循环变量 j 代表了数组元素的列下标：

```
for(i=0;i<2;i++)
    foe(j=0;j<3;j++)
        printf("%f",b[i][j]);
```

以上是把行下标作为外循环，即按行顺序输入数组元素值。若把列下标作为外循环，则按列顺序输入数组元素值。由于按行输入方式与二维数组的存储形式一致，故一般采用行下标作为外循环方法。

字符数组常用于存储和处理字符串，一般一维字符数组可存储和处理一个字符串，二维字符数组可存储和处理多个字符串，故对字符数组的输入/输出有多种方法。例如：

(1) char c1[10]；

输入数组的值，可用以下两种方式：

① scanf("％s",c1)；　　　　　　　输入时以空格或回车符结束

② gets(c1)；　　　　　　　　　　输入时以回车符结束

(2) char c2[3][20]；

输出数组的值，可用以下两种方式：

① for(i＝0;i＜3;i＋＋)

　　　　　　　printf("％s",c2[i])；　　　输出时系统以找到第一个'\0结束

② for(i＝0;i＜3;i＋＋)

　　　　　　　puts(c2[i])；　　　　　　输出时系统以找到第一个'\0结束

4. 常用字符串处理函数

1) 字符串连接函数 strcat

调用形式：

strcat(字符数组 1,字符数组 2)

功能：把字符数组 2 中的字符串连接到字符数组 1 中原字符串的后面（即从原字符串后的第一个字符串结束标志'\0'处开始连接），构成一个新的字符串。函数返回值是字符数组 1 的首地址。

2) 字符串复制函数 strcpy

调用形式：

strcpy(字符数组 1,字符数组 2)

功能：把字符数组 2 中的字符串复制到字符数组 1 中。

注意：字符数组 2 中的字符串结束标志'\0'也一同复制,字符数组 2 也可以是一个字符串常量,相当于把一个字符串赋给一个字符数组。

3) 字符串比较函数 strcmp

调用形式：

strcmp(字符串 1,字符串 2)

功能：比较两个字符串的大小,并由函数返回值返回比较结果,结果分为 3 种情况。

(1) 字符串 1＝字符串 2,返回值为 0;

(2) 字符串 1＞字符串 2,返回值为一个正整数;

(3) 字符串 1＜字符串 2,返回值为一个负整数。

4) 求字符串长度函数 strlen

调用形式：

strlen(字符串)

功能：求字符串的实际长度(即从字符串开始位置到第一个字符串结束标志'\0'处所包含的字符个数,不含字符串结束标志'\0'),并作为函数返回值。

5. 数组的应用

1) 一维数组的应用

一维数组在解决实际问题中应用非常广泛,涉及的算法很多,主要有打擂法求最大或最小值、顺序查找、折半查找、选择排序、冒泡排序、数组的删除或添加方法。

2) 二维数组的应用

二维数组在解决实际问题中也得到了非常广泛的应用,主要算法有矩阵的运算、一些特殊矩阵的计算、二维表格形式的数据统计等。

7.2 编 程 技 能

1. 输入/输出的机理

在第 2 章中已经介绍了 getchar 函数,该函数能够从键盘(更科学的说法是终端)输入一个字符,也可以使用 scanf 函数的 ％c 格式从终端输入字符。

C 程序在执行的时候会开辟一段内存空间,称为输入缓冲区。程序刚执行的时候,操作系统将自动清空输入缓冲区。程序遇到输入语句时,首先检查输入缓冲区,如果输入缓冲区中有可以使用的数据,就从缓冲区中读取数据;如果缓冲区的数据用完,则向终端请求输入。在输入的时候,直到用户输入回车才返回到前面的输入语句继续读取数据。

【例 7-1】 getchar 的行为。

下面的程序从键盘输入两个字符赋给指定的字符变量,然后依次输出两个字符变量的 ASCII 码和字符本身。用户输入不同的数据,可以得到不同的结果。

```c
#include <stdio.h>
void main()
{
    char ch1,ch2;
    ch1=getchar();
    ch2=getchar();
    printf("ch1=%d,%c \t ch2=%d,%c",ch1,ch1,ch2,ch2);
}
```

图 7-1 从左向右依次为 4 种不同的输入和输出结果:

- 输入字符 a,然后紧接着输入回车;
- 输入 a,输入空格,输入 b,然后输入回车;
- 直接输入 ab,然后输入回车;
- 输入两次回车。

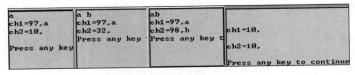

图 7-1 不同的输入会有不同的运行结果

分析以上情况:

- 第一个输入在缓冲区内生成 97 和 10 两个值(其中,10 代表回车,遇到回车,这个输入就结束了)。
- 第二个输入在缓冲区内生成 97、32、98 和 10 共 4 个值,两个 getchar 分别读取了前面两个值。

- 第三个输入在缓冲区内生成了 97、98 和 10 共 3 个值，两个 getchar 读取了前面两个值。
- 第四个输入比较特殊，第一次直接输入回车，在输入缓冲区内只产生了一个值，赋给了第一个 getchar，在第二个 getchar 执行时，缓冲区内已经没有值了，因此必须请求终端输入内容，这里终端输入了回车，赋给了第二个 getchar。可以想象，如果终端输入了字符 a 和回车，那么 ch2 的值将会是字符 a。

类似地，对于其他类型的输入也是同样的原理。

【例 7-2】 scanf 的 ％d 的行为。

以下程序从终端输入 3 个值，然后将它们显示在屏幕上。

```c
#include <stdio.h>
void main()
{
    int a,b,c;
    scanf("%d%d%d",&a,&b,&c);
    printf("a=%d\tb=%d\tc=%d\n",a,b,c);
}
```

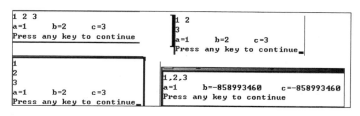

图 7-2 输入数据内容必须严格按照格式串来输入

下面使用不同的数据进行测试，图 7-2 从左向右、自上而下依次为 4 种不同的输入和输出结果：

- 第一个直接输入 3 个整数 1、2、3，以空格分隔，在输入缓冲区内生成 49、32、50、32、51、10 这样一组内容。大家注意到，在输入缓冲区内数据都是以 ASCII 码存储的。scanf 在遇到第一个 ％d 的时候，从第一个字符 1 开始解析为整数，直到遇到第一个不能被解析为整数的字符，即空格符，将解析结果给了第一个变量，然后从空格开始继续向下解析。
- 第二个输入首先输入了两个整数 1、2，以空格分隔，scanf 在解析到第 3 个 ％d 的时候缓冲区内已经没有值了，因此向用户请求继续输入。
- 第三个输入和第二个类似。
- 第四个输入数据解释了当输入缓冲区内的格式与 scanf 的格式不匹配的时候，scanf 将会发生故障的原因。在缓冲区内有 49、44、50、44、51、10 这样一些值，scanf 遇到第一个 ％d 的时候可以解析到数字 1，并且赋给变量 a。下一个待解析的 ASCII 码是逗号，但是 scanf 的格式中对应的是 ％d，要求获得数字的 ASCII

码,所以此处发生了错误。后继的 b 和 c 都没有被成功赋值。

【例 7-3】 在 scanf 中混合使用 %d 和 %c。

程序如下,希望输入变量 a 的值为 23,ch1 的值为 A,使用了不同的输入方式进行测试。

```c
#include <stdio.h>
void main()
{
    char ch1;
    int a;
    scanf("%d%c",&a,&ch1);
    printf("a=%d,ch1=%d,%c\n",a,ch1,ch1);
}
```

图 7-3 从左向右、自上而下依次为 4 种不同的输入和输出结果:

- 第一组先输入 23,按回车后再输入字符 A;
- 第二组先输入 23,用空格分隔后再输入 A;
- 第 3 组使用逗号分隔 23 和 A;
- 第 4 组将 23 和 A 一起输入。

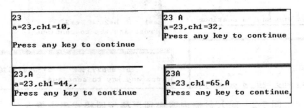

图 7-3 混合数据输入和字符输入

如果希望给字符 ch1 输入字符'1',怎么办呢? 如果还是按照上面的程序,就会出现以下问题:

(1) 如果直接输入 231 会导致 231 全部解析给 a,而将后面的回车符解析给 ch1;

(2) 如果输入 23 后面跟任何其他字符,又会将这些多余的字符赋给 ch1,这样对程序输入造成了不便,所以在程序设计中应该尽量避免这样的设计。 如果遇到这样的输入要求,可以考虑以下几种思路:

- 调换输入次序,先输入字符,后输入数值;
- 使用宽度附加格式符,例如 %2d,这样强制用户只能输入两位整数,不足两位补空;
- 使用 flashall 函数,flashall 函数强制清除缓冲区内的所有剩余内容,这样下一个输入函数就不得不请求用户再次输入,从而避免受输入缓冲区内剩余数据的影响。

使用 scanf 的 %s 格式符应该注意,%s 只解析到空格、制表符和回车符。 如果输入带空格的字符串,则应该使用 gets 函数。另外,由于%s 格式忽略空格和制表符,因此如果输入一个长度为 0 的字符串,则字符串的第一个字符即为'\0'。此时,使用 scanf 是无法输入的,只能采用 gets 函数。

【例 7-4】　使用 scanf 和 gets 输入字符串,如图 7-4 和图 7-5 所示。

```c
#include<stdio.h>
void main()
{
    char s1[20];
    scanf("%s",s1);
    printf("%s\n",s1);
}
```
```
hello world
hello
Press any key to continue
```

图 7-4　使用 scanf 输入字符串

```c
#include<stdio.h>
void main()
{
    char s1[20];
    gets(s1);
    printf("%s\n",s1);
}
```
```
hello world
hello world
Press any key to continue
```

图 7-5　使用 gets 输入字符串

类似于 scanf 的%c,大家在使用 gets 还应该注意不要被上次的 scanf 所剩下的回车符所影响。

【例 7-5】　混合使用 gets 和 scanf 容易发生错误,程序和输入/输出情况如图 7-6 所示。

在图 7-6 中,执行第一遍程序时,用户企图输入 123,然后换行输入 456,希望将 123 赋给变量 a,然后将 456 作为字符串赋给 s1 数组,但是因为 gets 语句会消掉解析 123 以后剩下的换行符号,所以在用户输入 456 前就提前结束了程序。而在程序的另一遍执行中,用户企图先输入 123 然后用空格分隔 456,这样做导致 s1 数组中 456 的前面多了一个空格,这个空格是在解析第一个数据 123 的时候剩下的。

解决这个问题的方法是,尽量不要混合使用 scanf、getchar 和 gets,以及避免使用 scanf 的%c 格式,如果有必要,在合适的地方加入 flashall 清除输入缓冲区,如图 7-7 所示的程序。

```c
void main()
{
    char s1[20];
    int a;
    scanf("%d",&a);
    gets(s1);
    printf("%d\n%s\n",a,s1);
}
```
```
123
123

123 456
123
 456
Press any key to continue
```

图 7-6　混合使用 scanf 和 gets 容易发生错误

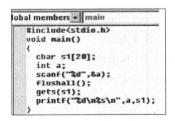

```c
#include<stdio.h>
void main()
{
    char s1[20];
    int a;
    scanf("%d",&a);
    flushall();
    gets(s1);
    printf("%d\n%s\n",a,s1);
}
```

图 7-7　使用 flushall 可以比较好地解决缓冲问题

最后,注意在输入字符串的时候,要给字符串数组留下足够的空间。例如,如果定义了 char s1[10],而使用 gets 输入 hello world,就会导致数组溢出。一般在定义字符串数组的时候,常常定义大小为该字符串最大可能长度再加 1 的值(加 1 是为了留下字符串结束标志'\0'的空间)。

2. 数组的调试和结构化调试

在前面几章的编程学习中,大家已经知道了通过单步执行的方式,如何在程序执行过程中动态地观察相关变量的变化。但是,在较为复杂的程序设计中,使用单步调试的方法可能需要花费较长的时间。

【例 7-6】 输入 10 个数,将这 10 个数依照从大到小的顺序排序。

本例需要使用数组来存放输入的 10 个数,然后对这 10 个数进行排序,最后将这 10 个数输出。

创建项目 E7_1,增加文件 main.cpp,输入以下程序并保存到文件中:

```
#include <stdio.h>
void main()
{
    int i,j,k,a[10];
    for(i=0;i<10;i++)
        scanf("%d",a[i]);
    for(i=0;i<10;i++)
        for(j=0;j<10-i-1;j++)
            if(a[j]<a[j+1])
            {
                k=a[j];
                a[j]=a[j+1];
                a[j+1]=k;
            }
    for(i=0;i<10;i++)
        printf("%d\t",a[i]);
}
```

当然,这个程序是没有经过调试的,包含有错误。当输入以下 10 个数的时候,发生了错误,图 7-8 所示为输入 10 个数执行后相应的错误输出(不同的计算机得到的结果可能不同,但是类似)。

如果使用单步调试进入程序,那么在开始阶段需要按 10 次 F10 键来完成输入,然后在排序阶段按 $(n-1)*(n-2)$ 次 F10 键(这里的 $n=9$)来调试,可以想象,这样的调试工作非常浪费时间,而且程序员在花费大量时间去观察每次雷同的结果的时候,极容易导致注意力分散,使调试失败。

程序员在设计程序的时候,应该考虑自己的这个程序也许包含着各种各样的错误,因此,如果在设计阶段有清晰的思路,那么在调试阶段就能够有的放矢,既减少了编程的

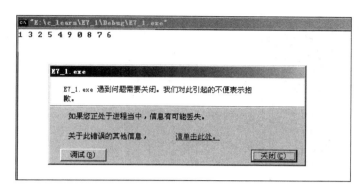

图 7-8 程序设计错误以至于系统崩溃

混乱,也减轻了调试的负担。

下面重新研究这个简单的排序题。以前已经有了最基本的思路,先输入,再排序,最后将整个数组输出。在此用图 7-9 来表示程序的各个部分的目的:

由图 7-9 可以看出,与其使用单步调试将整个程序执行的流程都扫描一遍,不如在关键地方检测程序的当前执行是否正确,这样只需要在 3 个地方注意检查程序的状态,就可以很快地定位错误发生的地方。这种技术需要在关键程序段暂停程序的执行,大多数 C 语言的集成开发环境(IDE)都提供了这种被称为"**断点**"的功能。在 VC++ 中使用 F9 键在光标所在位置设置断点。首先,在输入结束的位置上设置断点,将光标移动到排序的第一行位置,将光标定位在输入结束后的位置(第 7 行),然后按 F9 键设置断点。同样,在输出部分的第一行(程序第 15 行)添加断点,添加结果如图 7-10 所示。

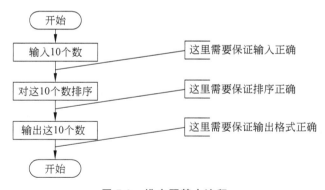

图 7-9 排序题基本流程

大家要注意箭头所指符号,红圆点表示该处有一个断点。将断点设置好以后,可以使用 图 按钮调试程序。输入以下数据,程序暂停在第一个断点的位置:

输入内容:

```
1 3 2 5 4 0 9 8 7 6
```

按回车以后,程序开始执行,最后停留在断点位置上。按照前面调试的方法,现在需要观察程序输入是否正确。大家在前面已经学过如何添加一个变量 Watch,要观察数组

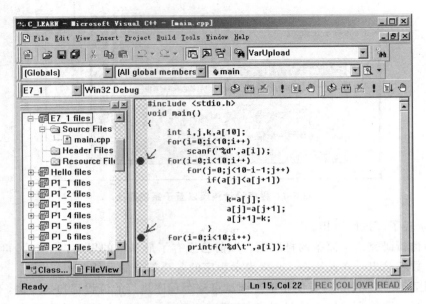

图 7-10　添加断点

值可以直接在 Watch 窗口中输入数组名,如图 7-11 所示。

Name	Value
□ a	0x0012ff4c
—　[0]	-858993460
—　[1]	-858993460
—　[2]	-858993460
—　[3]	-858993460
—　[4]	-858993460
—　[5]	-858993460
—　[6]	-858993460

图 7-11　在观察窗中添加数组名称可以观察数组

可以发现,a 数组的内容和所期待的不同。这证明输入的程序段出了问题,仔细检查输入的这段程序。检查发现 scanf 函数中,数组元素的取地址运算符 & 被遗漏了。修正这个错误以后,重新执行程序,执行到断点处,可以发现数组的值都正常了。

使用同样的方法执行到第二个断点,可以发现数组内部的确排序了,可以继续向下执行。

在程序结束前如果没有新的断点了,程序运行到 main 函数的结束括号}的时候,退出调试状态,程序返回到 VC++ 编辑界面。用户可以在 main 函数的结束括号}前添加断点,这样程序退出调试模式之前,可以再次切换到输出屏幕,观察程序输出是否正确。

7.3　案例拓展

数组是由一组相同类型数据构成的集合,具有统一的名字,通过下标来区分不同的元素,特别适合处理批量数据。对于学生成绩管理程序而言,由于处理的数据往往是大批量的,需要用到数组。因此,本章用一个 score 数组来存储和管理学生成绩管理程序中学生的成绩信息,从而进一步拓展和完善程序中各个函数的功能。

在本章中,各函数拓展后的主要功能如下。

(1) main 函数:定义一个 score 数组来存储学生成绩,然后通过调用以下几个函数来实现相应的功能。

(2) input 函数:完成学生成绩的输入功能。具体方法是先输入学生的实际人数,再输入学生的成绩并保存到数组中,然后将输入的数据带回 main 函数。

(3) del 函数:完成删除某个学生成绩功能。具体方法是先输入一个要删除的学生成绩,然后在保存学生成绩的数组中查找该项,若找到,则删除;否则,显示找不到。

(4) find 函数:完成查找某个学生成绩功能。具体方法是先输入一个要查找的学生成绩,然后在保存学生成绩的数组中查找该项,若找到,则显示该项;否则,显示找不到。

(5) sort 函数:完成将学生成绩从高到低排序的功能。具体方法是采用冒泡排序方法对数组中的值按从大到小的顺序排序。

(6) display 函数:完成显示所有学生成绩功能。

拓展到此,一个有实际意义的应用系统的基本架构就搭成了。通过本章对学生成绩管理系统的进一步完善,可以更深刻地了解 C 程序设计的精髓,体会到编程的乐趣。

程序代码如下:

```c
#include "stdio.h"
#include "stdlib.h"
#include "conio.h"
#define  SIZE  80
int input(float a[],int n)                    /*输入学生成绩并保存到数组*/
{
    int i;
    system("cls");                            /*清屏*/
    printf("\n请输入学生人数(1-80):");
    scanf("%d",&n);
    printf("\n请输入学生成绩:");
    for(i=0;i<n;i++)
        scanf("%f",&a[i]);
    printf("按回车键返回:");
    getch();
    return n;
}

int del(float a[],int n)                      /*删除某个学生成绩*/
{
    int   i,j,k=0;
    float m;
    system("cls");                            /*清屏*/
    printf("\n请输入要删除的成绩:");
```

```
    scanf("%f",&m);
    for(i=0;i<n;i++)
        if(m==a[i])                                    /*查找*/
        {   k=1;
            for(j=i;j<n-1;j++)                         /*删除*/
                a[j]=a[j+1];
            n--;
            break;
        }
    if(!k)
        printf("找不到要删除的成绩!\n");
    printf("按回车键返回:");
    getch();
    return n;
}


void find(float a[],int n)                             /*查找某个学生成绩*/
{
    int   i,k=0;
    float m;
    system("cls");                                     /*清屏*/
    printf("\n请输人要查询的成绩:");
    scanf("%f",&m);
    for(i=0;i<n;i++)
        if(m==a[i])                                    /*查找*/
        {   k=1;
            printf("  已找到,是第%d项,值为%f\n",i,a[i]);
            break;
        }
    if(!k)
        printf("找不到!\n");
    printf("按回车键返回:");
    getch();
}


void sort(float a[],int n)                             /*将学生成绩从高到低排序*/
{   int i,j;
    float t;
    for(i=0;i<n-1;i++)
        for(j=0;j<n-i-1;j++)
            if(a[j]<a[j+1])
            { t=a[j];a[j]=a[j+1];a[j+1]=t;}
    printf("\n输出排序结果:\n");
    for(i=0;i<n;i++)
```

```
            printf("%f\t",a[i]);
        printf("\n");
        printf("按回车键返回:");
        getch();
    }
    void display(float a[],int n)                   /*显示所有学生成绩*/
    {   int i;
        for(i=0;i<n;i++)
            printf("%f\t",a[i]);
        printf("\n");
        printf("按回车键返回:");
        getch();
    }
    void menu()
    {
        system("cls");                              /*清屏*/
        printf("\n\n\n\t\t\t     欢迎使用学生成绩管理系统\n\n\n");
        printf("\t\t\t********************************\n");
        printf("\t\t\t *           主菜单          * \n");       /*主菜单*/
        printf("\t\t\t********************************\n\n\n");
        printf("\t\t     1  成绩输入       2  成绩删除\n\n");
        printf("\t\t     3  成绩查询       4  成绩排序\n\n");
        printf("\t\t     5  显示成绩       6  退出系统\n\n");
        printf("\t\t     请选择[1/2/3/4/5/6]: ");
    }
    void main()
    {
        int j,num;
        float score[SIZE];
        while(1)
        {   menu();
            scanf("%d",&j);
            switch(j)
            {
                case  1:   num=input(score,num); break;
                case  2:   num=del(score,num); break;
                case  3:   find(score,num); break;
                case  4:   sort(score,num); break;
                case  5:   display(score,num); break;
                case  6:   exit(0);
            }
        }
    }
```

实训 12 一维数组的应用

1. 实训目的

(1) 掌握一维数组的定义与引用；

(2) 掌握一维数组的输入/输出方法；

(3) 学会一维数组的编程应用。

2. 实训内容

(1) 完善程序：用筛选法求 1~100 以内的素数。

所谓筛选法，可以这么理解，将所有的数排成一排，然后从 2 开始，将 2 的所有倍数都划去，那么剩下来的数中就没有 2 的倍数了。然后在剩下来的数中将第一个数 3 的所有倍数划去，那么剩下来的数中既没有 2 的倍数，也没有 3 的倍数了。以此类推，在某次扫描中，在剩下的数中设第一个数为 n，那么这个 n 一定不是比 n 小的任意一个素数的倍数，则这个 n 就是素数。

以下程序中使用一个具有 100 个元素的数组，规定用 1 表示这个数没有被划去，用 0 表示这个数被划去了。程序首先为这 100 个元素初始化，然后使用筛选法找出素数，最后将这些素数输出。

程序代码如下，但不完整，请补充完整：

```c
#include<stdio.h>
void main()
{
    int   a,b,c[101];
    for(a=1;a<=101;a++)
    c[a]=_____①_____;
    for(a=2;a<100;a++)
        if(c[a]!=0)
            for(_____②_____;b<101;b++)
                if(b%a==0) c[b]=_____③_____;
    for(a=1;a<101;a++)
        if(c[a]&&a!=1)  printf("%d\t",_____④_____);
}
```

预习要求：读懂程序，将不完整部分补充完整。

上机要求：记录编译调试过程中发生的错误，并记录运行结果。

提示：

① 先理清程序中各段循环结构；

② 在理解各段循环结构功能的基础上完善程序。

(2) 编写程序：输入某班学生某门课的成绩(最多不超过 50 人，具体人数由键盘输入),统计平均分、最高分和不及格人数。

预习要求:画出流程图并编写出程序。填写如表 7-1 所示的测试用表,设计一组 10 人次的测试用例并给出标准运行结果。

上机要求:记录编译调试过程中发生的错误,使用测试用例测试程序并记录运行结果。

提示:

① 可以先定义一个代表数组最大长度的符号常量,然后定义一个一维数组;

② 输入学生实际人数和成绩,然后根据输入的实际人数统计平均分和不及格人数;

③ 求学生的最高分可采用类似于打擂台的方法。

表 7-1　题(2)的测试用表

序　　号	测试输入	标准运行结果	实际运行结果

(3) 编写程序:输入 20 个各不相同的正整数,找出其中的所有素数,然后将所有素数按照从大到小的顺序输出。

预习要求:画出流程图并编写出程序。填写如表 7-2 所示的测试用表,设计一组测试用例并给出标准运行结果。

上机要求:记录编译调试过程中发生的错误,使用测试用例测试程序并记录运行结果。

提示:本题的编程方法有多种。

方法 1:

① 先将输入的 20 个数中的素数挑出来,保存到一个数组中(注意还要保存素数的个数);

② 然后对这个数组进行排序,排序方法可用选择排序或冒泡排序等方法。

方法 2:

① 先将这 20 个数中的非素数划去,并将剩余的数(即素数)保存在一个数组中;

② 然后对数组中的数进行排序,排序方法可用选择排序或冒泡排序等方法。

方法 3:

① 先将输入的 20 个数保存到数组中,并进行排序处理;

② 然后划去所有的非素数。

在编写程序时要注意各程序段的目的和在关键位置设置断点进行调试。

表 7-2　题(3)的测试用表

序　　号	测试输入	标准运行结果	实际运行结果

3. 常见问题

定义和引用一维数组时常见的问题如表 7-3 所示。

表 7-3 一维数组常见问题

常见错误实例	常见错误描述	错误类型
`int n,a[n];`	使用了变量而非整型常量来定义数组的长度	语法错误
`int a[5]={1,2,3,4,5,6};`	数组初始化时,初值个数多于数组元素个数	语法错误
`int a[5];` `scanf("%d",&a);`	scanf 通常不能一次接受一个数组的值	逻辑错误

`int a[5],i;`
`for(i=0;i<5;i++)`
`    printf("%d",a[i]);`
	数组元素未赋值,将导致运行结果不正确	逻辑错误

`int a[5],i;`
`for(i=0;i<5;i++)`
`    scanf("%d",a[i]);`
	输入数组元素值时,a[i]元素前无地址运算符 &	运行错误

`int a[5];` `a[5]=1;`	数组下标越界	运行错误
`fun(a[],n)`	函数调用时,实参数组名后跟一对方括号	语法错误

4. 分析讨论

参考问题:

(1) 总结 C 语言中定义和引用一维数组的正确方法;

(2) 总结一维数组元素的遍历方法;

(3) 总结 C 语言中一维数组有哪些主要应用。

实训 13 二维数组的应用

1. 实训目的

(1) 掌握二维数组的定义与引用;

(2) 掌握二维数组的输入/输出控制;

(3) 学会二维数组的编程应用。

2. 实训内容

(1) 程序改错:下面程序的功能是输入一个 5×5 的二维数组,将它转置后输出。
该程序中有错误,请改正。

```
#include <stdio.h>
void main()
{
    int  a,b,c[5][5],t;
    for(a=0;a<5;a++)
```

```
    {
        printf("请输入第%d行的5个数据>",a);
        for(b=0;b<5;b++)
            scanf("%d",c[a][b]);
    }
    for(a=0;a<5;a++)
        for(b=0;b<5;b++)
            t=c[a][b],c[b][a]=c[a][b],c[a][b]=t;
    for(a=0; a<5;a++)
        for( b=0;b<5;b++)
            printf("%d%c",c[a][b],b%5!=0? '\n':'\t');
}
```

预习要求：读懂程序思路，找出程序中的错误并改正。

上机要求：记录编译调试过程中发生的错误，并记录运行结果。

提示：

① 先理清程序中各段循环结构；

② 在理解各段循环结构功能的基础上改正程序中的错误。

（2）编写程序：假设某高校共有 5 个学生餐厅，为了对这些餐厅的饮食和服务质量做调查，特邀请 40 个学生代表对各餐厅打分，分为 1～5 个等级（1 表示最低分，5 表示最高分）。如果餐厅平均得分（采用四舍五入）为 1，则星级为一颗星；如果平均得分为 2，则星级为两颗星；以此类推，要求统计并按以下格式输出各餐厅的餐饮服务质量调查结果。

```
    餐厅名称        平均得分        星级
------------------------------------
    1餐厅           4            ****
    ......
```

预习要求：画出流程图并编写出程序，填写如表 7-4 所示的测试用表，设计一组 10 人次的测试用例并给出标准运行结果。

上机要求：记录编译调试过程中发生的错误，使用测试用例测试程序并记录运行结果。

提示：

① 先定义一个 10×5 的二维数组保存各学生的打分并输入，程序调试通过后，再将数组大小定义改为 40×5；

② 统计二维数组每一列的平均值，平均值用四舍五入取整；

③ 根据计算的平均值按规定格式输出结果，注意，输出星级时要根据餐厅的平均得分输出对应的星号。

表 7-4　题（2）的测试用表

序　　　号	测试输入	标准运行结果	实际运行结果

（3）编写程序：输入 n，在一个二维数组中形成并输出如下所示的 $n×n$ 矩阵（假定 $n=6$）。

```
1   2   3   4   5   6
12  11  10  9   8   7
13  14  15  16  17  18
24  23  22  21  20  19
25  26  27  28  29  30
36  35  34  33  32  31
```

预习要求：画出流程图并编写出程序。

上机要求：记录编译调试过程中发生的错误，运行程序并记录运行结果。

提示：

① 先定义一个符号常量 n，然后定义一个 $n×n$ 的二维数组；

② 计算二维数组各元素的值，可根据各行、列值的变化规律（注意观察）分别用两个循环计算行和列对应的元素值；

③ 按行输出二维数组各元素的值。

3. 常见问题

定义和引用二维数组时常见的问题如表 7-5 所示。

表 7-5　二维数组常见问题

常见错误实例	常见错误描述	错误类型
`a[2,3];`	将行下标和列下标写在了一个方括号内引用数组元素	语法错误
`int a[2][]={1,2,3,4,5,6};`	数组初始化时，省略了第二维的长度	语法错误

`int a[2][3],i,j;`
`for(i=1;i<=2;i++)`
`  for(j=1;j<=3;j++)`
`    scanf("%d",&a[i][j]);`
	输入数组各元素值时，下标是从 0 开始的，而不是从 1 开始的，从而导致下标越界	运行错误

`void fun(int a[][],int n)`	将二维数组作为函数参数时，省略了第二维的长度声明	语法错误

4. 分析讨论

参考问题：

（1）总结 C 语言中二维数组的定义和引用方法；

（2）总结 C 语言中二维数组元素的遍历方法；

（3）总结 C 语言中二维数组的主要应用。

实训 14　字符数组的应用

1. 实训目的

（1）掌握字符数组的定义与引用；
（2）掌握字符数组的输入/输出控制和常用字符串处理函数；
（3）学会字符数组的应用编程。

2. 实训内容

（1）程序改错：核对密码。

首先在用户输入的表示密码的字符串中找到 ASCII 编码值最大的字符，并在其后插入子串"ve"；然后用加工后的密码字符串与程序内设置的密码作对比，若相同则输出"right"及用户输入的密码；若不同则提示用户重新输入密码。如果用户三次输入的密码均不正确则终止程序的运行。例如：

输入：love
输出：wrong! you have 2 chances!
输入：lv
输出：right! Your password is:lv

该程序中有错误，请改正。

```c
#include <stdio.h>
#include <string.h>
void insert(char str[]);
void main()
{
    char s1[80],s2[80],password[80]="lvve";
    int i;
    for(i=0;i<3;i++)
    {
        printf("\nplease input password:");
            gets(s1);
        s2=s1;
        insert(s2);
        if(password==s2)
        {
            printf("right!\n");
            printf("your password is:%s\n",s1[80]);
            break;
        }
        else
```

```
        printf("wrong!you have %d chances!\n",2-i);
    }
}
void insert(char str[])
{
    char max;
    int i,j=0;
    max=str[0];
    for(i=1;str[i]!='\0';i++)
        if(str[i]>max)
        {
            max=str[i];
            j=i;
        }
    for(i=strlen(str);i>=j;i--)
        str[i+2]=str[j];
    str[i+1]=v,str[i+2]=e;
}
```

预习要求：读懂程序，改正程序中的错误。

上机要求：记录编译调试过程中发生的错误，并记录运行结果。

提示：

① 理解各函数的功能和主要变量的作用；

② 理清函数中各段循环结构和选择结构；

③ 在理解函数中各段程序结构功能的基础上改正程序中的错误。

（2）编写程序：任意输入用英文表示的星期几，通过查找如表 7-6 所示的星期表，输出其对应的数字。

例如，若输入 Monday，则输出结果为 1。

表 7-6　星期表

1	Monday	5	Friday
2	Tuesday	6	Saturday
3	Wednesday	7	Sunday
4	Thursday		

预习要求：画出流程图并编写出程序。填写如表 7-7 所示的测试用表，设计两组测试用例并给出标准运行结果。

上机要求：记录编译调试过程中发生的错误，使用测试用例测试程序并记录运行结果。

提示：

① 定义一个二维字符数组保存以上表格中的信息，定义一个一维字符数组保存输入

的英文字符串；

② 用顺序查找法在二维数组中查找输入的英文字符串，注意，对字符串比较时，不能直接用"＝＝"号比较，而要使用字符串比较函数。

③ 若找到，则输出相应数字；否则，输出找不到。

表 7-7　题（2）的测试用表

序　号	测试输入	测试说明	标准运行结果	实际运行结果
1		找到情况		
2		找不到情况		

（3）编写程序：输入一个字符串，把字符串中重复的字符全部去掉，只保留第一次出现的字符，然后输出缩短后的字符串。

例如，输入 abcdaabcde，则输出结果为 abcde。

预习要求：画出流程图并编写出程序。填写如表 7-8 所示的测试用表，设计两组测试用例并给出标准运行结果。

上机要求：记录编译调试过程中发生的错误，使用测试用例测试程序并记录运行结果。

提示：

① 定义一个一维字符数组保存输入的字符串；

② 从头至尾（即到字符串的结束标记'\0'）扫描这个字符数组，并逐个比较字符，一旦出现相同字符，即可把后一个字符删除。删除某个字符的方法可采取从要删除字符的后一个字符开始，直到字符串结束标记'\0'，依次往前平移一位。

表 7-8　题（3）的测试用表

序　号	测试输入	测试说明	标准运行结果	实际运行结果
1		字符串中有重复的字符		
2		字符串中没有重复的字符		

3. 常见问题

定义和应用字符数组时常见的问题如表 7-9 所示。

表 7-9　字符数组常见问题

常见错误实例	常见错误描述	错误类型
`'hello'`	用了一对单引号将字符串括起来	语法错误
`char str[20];` `str="hello";`	向一个字符数组名赋字符串	语法错误
`char str[20];` `scanf("%s",&str);`	数组名代表数组的首地址，不能再在其之前加地址符 &	语法错误

续表

常见错误实例	常见错误描述	错误类型
char str1[]="hello",str2[]; str2=str1;	对字符串赋值直接用了赋值号,而不是strcpy函数	语法错误
char str1[5]="hello";	没有定义一个足够大的字符数组来保存字符串的结束标志'\0'	逻辑错误
char str[][20]={"hello","world"}; if(str[0]>str[1])	比较字符串直接用了＞号,而不是strcmp函数	语法错误

4. 分析讨论

参考问题:

（1）总结 C 语言中定义和引用字符数组的正确方法;

（2）总结 C 语言中字符数组的输入/输出方法;

（3）总结 C 语言中字符串常用函数的调用方法;

（4）总结 C 语言中字符数组的主要应用。

实训 15　数组的综合应用

1. 实训目的

（1）应用数组编写一个综合应用程序,熟悉 C 综合应用程序的基本框架;

（2）进一步熟悉排序、找最大/最小值、统计分析等常用算法的应用;

（3）掌握模块化程序设计方法;

（4）通过本实训任务的完成,更好地掌握并应用在之前各章所学的内容。

2. 实训内容

设计与实现一个小型选秀比赛管理程序。

在电视节目中,经常有各种形式的选秀比赛,如央视的"星光大道"、东方卫视的"达人秀"、湖南卫视的"快乐女生"等节目。现假设在某选秀比赛的半决赛现场,有一批选手参加比赛,比赛的规则是,由现场 8 个评委给每个选手采用 10 分制分别打分,然后去掉一个最高分和最低分,将剩下的分数求和作为选手的最后得分,选手得分越高,名次越高。当比赛结束时,要当场按选手得分由高到低宣布选手的得分和名次,获得相同分数的选手具有相同的名次。

请设计并编写一个 C 程序,以帮助大奖赛组委会完成半决赛的评分排名工作。程序要求具有以下基本功能。

（1）比赛前:输入参赛选手的姓名、编号等信息。

（2）比赛中:

① 对每个选手比赛后,输入 8 个评委的评分,分值范围为 0～10;

② 计算每个选手的得分。

计分方法：去掉一个最高分和最低分，然后对其余分求和，即为该选手的最后得分。

（3）比赛后：按选手得分由高到低输出结果，若分数相同，则名次并列。例如：

```
排名           编号        姓名          得分
----------------------------------------------
1              05         王菲           58
2              07         李娜           54
2              09         李萌           54
4              02         王东风         50
...
```

编程要求：采用模块化设计方法，程序运行后先显示如下菜单，并提示用户输入选项。

```
评  分  系  统
1      输入选手信息
2      输入评委打分
3      统计得分
4      显示结果
5      退出系统
请选择：
```

然后根据用户输入的选项执行相应的操作。

预习要求：画出流程图并编写出程序。填写如表 7-10 所示的测试用表，设计一组测试用例并给出标准运行结果。

表 7-10　测试用表

序　　号	测试输入	标准运行结果	实际运行结果

上机要求：记录编译调试过程中发生的错误，使用测试用例测试程序并记录运行结果。

提示：

① 菜单设计和程序架构可参照拓展案例部分；

② 因为参赛选手的姓名、编号是不同类型的数据，故考虑用不同的数组存放；

③ 统计每个选手的得分时，要先找出一个最大值和最小值，要注意计算选手实际得分时这两个值不计分；

④ 输出结果时，要注意各选手的名次、编号、姓名、得分相对应。

编程指导：

① 根据程序功能要求，将程序划分为若干模块（例如，划分为 3 个函数模块分别表示比赛前、比赛中和比赛后的处理）；

② 设计主函数，主函数的功能是先显示菜单，然后按功能调用相应的函数。例如：

```
while(1)
{   system("cls");                                        /＊清屏＊/
    printf("\n");
    printf("\t\t\t***********\n");
    printf("\t\t\t＊ 主菜单＊\n");                         /＊主菜单＊/
    printf("\t\t\t***********\n\n\n");
    printf("\t          1  比赛前          \n\n");
    printf("\t          2  比赛中          \n\n");
    printf("\t          3  比赛后          \n\n");
    printf("\t          4  退出          \n\n");
    printf("\t     请选择[1/2/3/4]: ");
    scanf("%d",&j);
    switch(j)
    {
        case  1:  fun1(); break;
        case  2:  fun2(); break;
        case  3:  fun3(); break;
        case  4:  exit(0);
    }
}
```

③ 根据各函数之间要传递的数据信息设计各函数的参数；

④ 在编写第一个函数（例如 fun1）时，可将其余函数先定义为空函数，待第一个函数调试通过后，再编写下一个函数。

练 习 7

(1) 以下程序的功能是读入 20 个整数，统计非负数的个数，并计算非负数之和，请完善程序。

```
#include "stdio.h"
void main()
{
    int i,a[20],s,count;
    s=count=0;
    for(i=0;i<20;i++)
        scanf("%d",_____①_____);
    for(i=0;i<20;i++)
    {   if(a[i]<0)_____②_____;
        s+=a[i];
        count++;
    }
```

```
        printf("s=%d\t count=%d\n",s,count);
    }
```

（2）以下程序的功能是将十进制数 x 转换为二进制数，并将所得的二进制数放在一个一维数组中返回，将二进制数的最低位放在下标为 0 的元素中，请完善程序。

```
#include "stdio.h"
int fun(int x,int b[]);
void main()
{   int m,a[10],n,i;
    scanf("%d",&m);
    n=_____①_____;
    for(i=0;i<n;i++)
        printf("%d",a[i]);
}
int fun(int x,int b[])
{
    int k=0,r;
    do{
        r=x%_____②_____;
        b[k++]=r;
        x/=_____③_____;
    }while(x);
    return k;
}
```

（3）以下程序的功能是对从键盘输入的两个字符串进行比较，然后输出两个字符串中第一个不相同字符的 ASCII 码之差。例如，输入的两个字符串分别为"abcdefg"和"abceef"，则输出为－1，请完善程序。

```
#include <stdio.h>
void main()
{   char str1[100],str2[100],c;
    int i=0,s;
    printf("Enter string 1: ");
    gets(str1);
    printf("Enter string 2: ");
    gets(str2);
    while((str1[i]==str2[i]&&str1[i]!=_____①_____))
    i++;
    s=_____②_____;
    printf("%d\n",s);
}
```

（4）以下程序的功能是在将字符串 s 复制到字符串 t 时，将其中的换行符和制表符转换为可见的转义字符，即用'\n'表示换行符，用'\t'表示制表符，请完善程序。

```c
#include <stdio.h>
void expand(char s[],char t[]);
void main()
{   char s1[80],s2[80];
    gets(s1);
    expand(s1,s2);
    puts(s2);
}
void expand(char s[],char t[])
{   int i,j;
    for(i=j=0;s[i]!='\0';i++)
    switch(s[i])
    {   case '\n': t[j++]=_____①_____; t[j++]='n';break;
        case '\t': t[j++]=_____②_____; t[j++]='t';break;
        default: t[j++]=s[i];
    }
    t[j]=_____③_____;
}
```

（5）编写程序,输入某班学生的学号和某门课的成绩（最多不超过 50 人）,当输入学号为 0 时表示输入结束,然后输入任意一个学号,查找并输出该学号对应学生的成绩。

（6）编写程序,输入 10 个不同的数,将其按照大小顺序排序;然后输入 1 个数,使用二分法查找这个数所在的位置。若这个数已经存在则显示该数已存在,否则将它插入到已经排序的数组中的合适地方,并输出新的数组。

（7）编写程序,输入 20 个各不相同的正整数,将其中的偶数按照从大到小的顺序输出,将其中的奇数按照从小到大的顺序输出。

（8）编写程序,输入 10 个整数,查找并输出所有重复的数字。例如：

输入：

1 2 3 2 5 1 2 3 1 4

输出：

1 1 1
2 2 2
3 3

（9）编写程序,模拟骰子的 100 次投掷,统计并输出骰子的 6 个面各自出现的概率。

（10）编写程序,输入一个 5×5 的二维数组,将各行最大值的坐标放在一个新的一维数组中,最后按照下面的格式输出：

第 0 行: 12 34 23 45 7   最大值为 45,坐标是 (0,3)

（11）编写程序,在一个二维数组中形成并输出以下矩阵：

```
1    1    1    1    1
2    1    1    1    1
3    2    1    1    1
4    3    2    1    1
5    4    3    2    1
```

（12）编写程序，输入 n，在一个二维数组中形成并输出如下所示的 $n \times n$ 矩阵（假定 $n=6$）。

```
1    1    1    1    1    1
1    2    2    2    2    1
1    2    3    3    2    1
1    2    3    3    2    1
1    2    2    2    2    1
1    1    1    1    1    1
```

（13）编写程序，输入一个 5×5 的二维数组，列出其中所有的素数以及所在位置，并且按照值(行，列)的格式输出。例如：

13(3,4)　　表示在第 3 行第 4 列有一个素数 13

（14）编写程序，输入 5 个长度不超过 20 的字符串，把这 5 个字符串按照字典顺序连接，然后输出。例如：

输入：beijing　shanghai　nanjing　tianjin　chongqing
输出：beijingchongqingnanjingshanghaitianjin

（15）编写程序，以字符形式输入一个八进制数，将其转换为一个十进制整数后输出。

（16）编写程序，将一个无符号十进制整数转换为十六进制数。

第 8 章

指　针

8.1　知识点梳理

1. 指针的概念

地址：变量保存在内存中，占用的内存序号即为地址。

首地址：不同类型的变量，占用的字节数不同，因此所占用的连续地址也不同，通常将变量占据的连续地址的第一个字节称为变量的首地址。

如图 8-1 所示，在定义变量的同时，给变量 ch 和 i 分配了内存。在图 8-1 中，ch 占用的内存序号是 100，而变量 i 占用了 101 和 102 两个字节的内存。这样，就称变量 ch 的地址是 100，而称变量 i 的地址是 101，即 &ch=100，&i=101。习惯上，观察变量的地址以及地址内的二进制值，使用十六进制来表达。在 VC++ 6.0 中可以说，地址 0x0000 0064 内保存的值是 0X41，而从地址 0x0000 0065 开始的两个字节内保存的值是 0X0C。

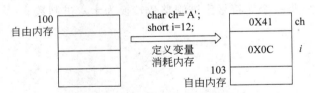

图 8-1　变量依序占用内存空间

指针：保存变量地址的特殊变量称为指针变量，简称指针。

地址空间：显然计算机使用的内存越大，就需要越多的字节来识别不同的内存单元。早期的系统使用 16 位地址，可使用 2^{16} 即 64KB 的不同地址；流行的系统使用 32 位地址，则可使用 2^{32} 即 4GB 的不同地址；而最新系统使用 64 位地址，则可使用 2^{64} 即 16TB 的不同地址。

指针大小：既然指针是用来存储地址信息的，所以所有的指针大小都是相同的。在 32 位操作系统中，指针统一占用 4 个字节，而在 64 位操作系统中，保存一个地址需要 64 个比特也就是 8 个字节来存储。

地址运算符 &：只有变量可以求地址，表达式和常量无法获得地址。

指针运算符 *：可以通过指针运算符获得指针所指向的对象。

左值：左值代表一个地址值，在进行赋值运算时，可以将结果放到这个地址中。

如图 8-2 所示，变量 ch 占一个字节，变量 *i* 占两个字节，变量 pch 是一个指向字符的指针，通过代码 pch＝&ch 使 pch 指向 ch。类似地，代码 pi＝&*i* 使短整型指针 pi 指向短整型变量 *i*。用户可以对变量 ch 和 *i* 直接进行赋值操作，例如 ch＝'A'。这样会导致地址单元 100 的值变为 65 或者十六进制 0X41；也可以间接通过 pch 对地址单元 100 进行修改，例如 * pch='A'。这里的变量 ch 和 * pch 都是左值，可以放在赋值运算符的左边。在图 8-2 中，尽管 ch 和变量 *i* 所占据的空间大小不同，但是它们的指针 pch 和 pi 所占据的内存大小是相同的，均为 4 个字节。

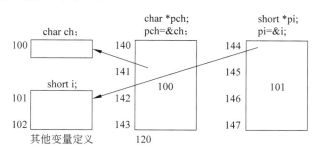

图 8-2　变量及指向变量的指针

指针的类型：随着所指向变量的类型不同，指针也具有不同的类型。指针只能指向指针定义中规定的变量类型。

随机指针：指针未经初始化时，其保存的地址为随机值，称为随机指针。对随机指针所指向的内存地址单元进行赋值有可能破坏系统的重要数据。因此为了避免误使用随机指针，指针使用前必须初始化为空指针或指向有效变量。空指针所指向的内存地址单元同样不可以进行读写，但是和随机指针不同的是，空指针明确地知道"这个地址不能操作"，而随机指针则无法通过其所指向的地址来判断其是否有效，这样极易导致错误。

2. 指针的操作与应用

数组与指针：数组是相同类型的变量连续存放，数组名表示数组首元素的地址。

指针的移动：当指针指向数组元素时，指针与整数的加减法表示指针在数组元素中前后移动。

指针的差：当两个指针指向同一个数组时，两个指针相减可以得到这两个指针所指向元素序号的差。

如图 8-3 所示，指针 p1 在定义变量的同时赋初值，其作用等价于 int * p1;p1＝&a[0];，指针 p2 初始化为 a[3] 的地址；因为 p1 和 p2 指向同一个数组中的成员，所以 p2 也可以由 p1 计算得来，int * p2;p2＝p1＋3;中的 p2＝p1＋3 表示 p2 指向 p1 所指向元素的后 3 个元素。大家要注意的是，在图 8-3 中，因整型变量占 4 个字节，a[0] 的地址若为 100，则 a[3] 的地址是

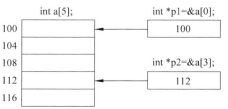

图 8-3　指向数组元素的指针

112。所以在赋值表达式 p2＝p1＋3 中，p2 的绝对值是 p1 的绝对值加 3 乘以每个整型元素的大小，而 p1－p2 的结果是其实际地址的差除以每个元素的大小，将得到－3。

指向数组的指针：指针除了可以指向变量，还可以指向复合对象，例如数组。指向数组的指针称为数组指针，对数组指针做指针运算，将得到整个数组。

二级指针：指针变量本身是一种保存地址的变量，指针变量本身的地址也可以用指针变量保存，指向指针的指针称为二级指针。当然，二级指针本身也是一个保存地址的变量，也可以使用一个指针指向它，称为多级指针。

指针数组：多个相同类型的指针可以使用数组来保存，即指针数组。

函数指针：程序运行时，程序的代码段加载到计算机内存中才能运行，这些代码段以函数为单位，可以使用指针保存其代码段的入口地址，这样的指针称为函数指针。

指针函数：指针函数是返回值类型是指针的函数。指针函数是函数，而不是指针。

行指针与列指针：在二维数组中，指向二维数组中一维数组的指针称为行指针，指向单个元素的指针称为列指针。

main 函数的原型：main 函数可携带参数并通过 return 返回值。main 函数的参数以多个字符串的形式给出，每个参数字符串均用一个指针指向其起点，这样多个参数字符串的指针就构成了指针数组，指针数组的首地址以参数 argv 传入 main 函数，而多字符串的个数以 argc 参数传入字符串。

如图 8-4 所示，注意 4 个不同类型元素的定义。其中，i 是一个简单的整型变量，a 是整型数组，p1 是指向数组的指针，p2 是指针数组。指针 p1 是指向整个数组的，所以将 p1 指向数组 a 必须写为 p1＝&a，数组名 a 表示整个数组。p2 是一个有 5 个元素的指针数组，其每个数组元素均可指向一个整型。在图 8-4 中的 p1 的定义行中，p1 刚定义时，其保存的地址值是随机值，既可能指向 a 数组，也可能指向某个 b 数组，更可能指向其他未知内存区域。这样的指针是随机指针，必须对其赋值以后才可使用。同样，在图 8-4 中 p2 的定义行中，p2 刚定义时，5 个元素均保存了随机地址，并不是一开始就和 a 数组的 5 个元素一一对应的，这种对应关系是执行了右边的赋值以后才形成的。赋值时完全可以根据需要赋值，p2[3]＝&i 在语法上是正确的。在对各个指针进行了初始化后，即可通过指针对所指向变量进行间接引用了。例如，a[2]＝2 是对数组元素直接存取，在 p1 指向 a 数组以后，＊p1 等价于 a 数组，a[2]＝2 即可使用(＊p1)[2]＝2 来间接引用。在实现了 p2 数组和 a 中各个元素的关联以后，指针 p2[2]直接指向了 a[2]，a[2]＝2 可以使用 ＊(p2[2])＝2 来间接引用。因为指针运算符 ＊ 的优先级小于数组运算符[]，故 ＊(p2[2])＝2 又可以表达为 ＊p2[2]＝2。当然，还可以使用 ＊(p2[0]＋2)＝2 相对寻址。

如图 8-5 所示，数组指针 p2 指向了一维数组 b，数组指针 p3 指向了二维数组 c 的第 0 行。因为 p3 指向了 4 个元素的数组，因此 p3＋1 将指向 c 数组的第 1 行；p3 指针的加减法的结果都正好指向 c 数组的某一行，故称 p3 为行指针。因为 p2 不在二维数组内，p2 指针的加减法将导致指向不可知内存，故 p2 不能称为行指针。指针 p1 是一个指向字符变量的指针，图 8-5 中的 p1 指向了 c[0][0]元素，p1＋1 将指向 c[0][1]，p1 的加减法使 p1 指向数组一行中不同列的元素，故 p1 被称为列指针。当然，当 p1＋4 超出 c[0]行的范围时，将指向 c[1][0]回到列首成为下一行的列指针。

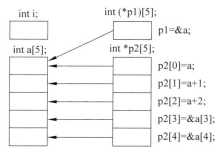

图 8-4　指向数组的指针及指针数组

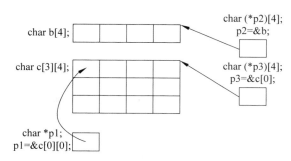

图 8-5　行指针与列指针

8.2　编 程 技 能

1. 指针的算法设计与调试

【例 8-1】　在文字处理中经常会删除某个字符,试编写程序实现该功能:用户输入一段字符串,程序删除其中所有的空格并输出结果,然后等待用户下一个输入,若用户输入空串则退出程序。

分析:一个简单的思路是从串首开始扫描,遇到空格,就将后面所有的字符前移一个字符位置,这样一直到串终点。其流程图如图 8-6 所示。

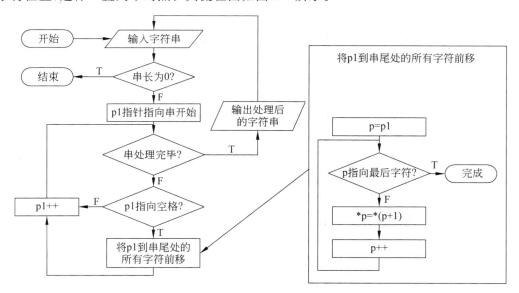

图 8-6　删除串中所有空格程序的流程图

根据算法可以设计程序如下:

```
# include <stdio.h>
# include <string.h>
```

```
void main()
{
    char     str[256];
    int      len;
    char     * p1, * p;
    while(1)
    {
        gets(str);
        len=strlen(str);
        if(len==0)
            break;
        for(p1=&str[0]; * p1!='\0';p1++)
            if( * p1==' ')
                for(p=p1; * p!='\0';p++)
                    * p= * p+1;
        puts(str);
    }
}
```

运行结果如下(黑体字为用户输入):

Hello world
Hello !xpsme

显然程序未能实现设计的目标。

进入 VC++ 6.0 环境,使用调试的方法寻找程序发生错误的地方。在判别 p1 指针是否指向空格的 if 语句中按 F9 键设置断点,这样每次执行 if 前,程序都会暂停在这一行。按 F5 键执行程序,并输入测试样例"Hello World"。

程序将暂停在 if 循环处,在 Watch 窗口中增加观察变量 str 和 p1,可以看到数组 str 和指针 p1 各指向的值,如图 8-7 所示。

在图 8-7 中大家注意到,现在 p1 指针正指向 str[0]元素,而数组名 str 表示数组首元素的地址,所以 str 和 p1 的值均指向内存 0x0018fe48。继续按 F5 键数次可以发现,随着 p1 指针的后移,其指向的字符串也在逐渐变短。

程序的错误从结果上来看,出现在空格以后,所以将光标移到 if 条件成立后的第一个 for 循环处按 F9 键设置断点,再将光标移到 if 语句上按 F9 键取消第一次设置的断点,然后按 F5 键执行直到程序中断在 for 循环上。

按 F10 键单步执行,仔细观察 Watch 窗口中提供的信息,寻找错误发生的原因。大家可以发现当程序 * p= * p+1 时,p1 指针并未变短成 World 而是变成!World,继续按 F10 键可以发现第二次执行时 W 变成了 X。

因此可以得到结论,程序 * p= * p+1 是指向 p 指针所指向的值加 1 以后再放回 p。例如 p 指向 World 前的空格时,其实 p 正好指向 str[5]。而 * p= * p+1 并不等价于 str[5]=str[6]而是等价于 str[5]=str[5]+1,要实现 str[5]=str[6],程序应为 * p= * (p+1)。

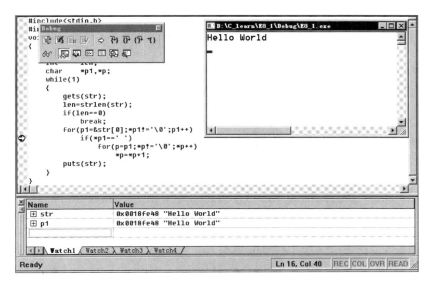

图 8-7　调试例 8-1 程序

修改程序以后，再次使用"Hello World"作为输入，执行程序可以发现程序运行正常了。

思考：程序还有一处逻辑漏洞，当源字符串中有连续两个以上的空格时将会产生错误，请解决这个漏洞。

【例 8-2】　编写程序，将多个国家名按照字母顺序排序，要求程序脱离 VC++ 6.0 环境在命令提示符下执行，国家名以主函数参数方式传递给 main 函数。

分析：根据题目要求，这个程序要使用到 argc 和 argv 参数。因为具体有几个国家，以及国家名字符串有多长，是由运行时传给 main 函数的参数决定的，因此无法事先确定。不过 argv 本身是一个指针数组，包含了指向每个参数字符串的指针，所以可以直接利用这个数组，可以使用选择法、冒泡法或者插入法实现。

这里采用冒泡法作为排序算法，程序如下：

```c
#include <stdio.h>
#include <string.h>
void    main(int argc, char * argv[])
{
    int   i,j;
    char   * pt;
    for(i=1;i<argc-1;i++)
        for(j=1;j<argc-i;j++)
            if(strcmp(argv[j],argv[j+1])>0)
            {
                pt=argv[j];
                argv[j]=argv[j+1];
                argv[j+1]=pt;
            }
```

```
for(i=1;i<argc;i++)
    printf("%s\n",argv[i]);
}
```

在程序中,因为 argv[0]指向文件自身,所以在排序时要从 argv[1]开始向后排序。值得注意的是,排序时并未移动字符串本身(程序中没有出现 strcpy 函数调用),而是使用指针作为排序对象.如图 8-8 所示。

交换前　　　　　　　　　　　交换后

图 8-8　使用指针排序

用户可以通过在 VC++6.0 环境中观察这个程序的执行,来了解使用指针排序。建立工程 E8_2,输入上面的程序并编译,然后直接按 F5 键或者 Ctrl+F5 组合键执行程序,是看不到结果的。因为在 VC++6.0 中默认程序执行是不带入参数的,但是可以通过工程设置为程序执行带入参数。

按 Alt+F7 组合键调出工程设置对话框,在左侧选择 E8_2 工程,在右侧选择 Debug 选项卡,然后在 Category 中选择 General 选项,在 Program arguments 中输入待调试的参数,各参数之间以空格隔开,如图 8-9 所示。

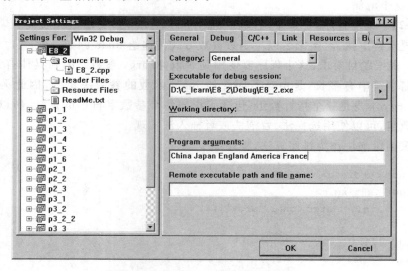

图 8-9　在 VC++6.0 中设置程序参数

现在就可以在 VC++6.0 中调试 main 函数的参数了。在源代码中移动光标到第一个 for 循环处,按 F9 键增加一个断点,然后按 F5 键以调试方式执行程序。当程序暂停时,按 Alt+F3 组合键调出 Watch 窗口观察程序中变量的值,如图 8-10 所示。在 Watch 窗口中分别添加"argc"、"argv"、"argv[j]"、"argv[j+1]"和"pt"5 个变量,可以看到 argc 的值为 6,表示系统传给 main 函数 6 个参数;argv 的值为地址值 0x00430e60,而 argv[j]

和 argv[j＋1]的值无法显示,pt 指针的值是 0xcccccccc。 显然因为 j 还未赋初值,所以 argv[j]和 argv[j＋1]并不知道应该显示数组中的哪个元素。pt 是一个未经赋初值的指针,在 VC++ 中用醒目的特殊值 0xcccccccc 提醒调试者这个值尚未赋值。

下面使用内存窗口观察指针数组 argv 所存储的值。按 Alt＋F6 组合键调出内存窗口,如图 8-11 所示,在地址栏中输入"0x00430e60",可以看到各个指针所保存的值。这些指针有个规律,其高位地址均为 0x00430e,仅仅最低位有所变化。在内存窗口的地址栏中输入第一个指针所指向的地址"0x00430e7c",如图 8-12 所示,可以得到各个指针的指向图,如图 8-13 所示。

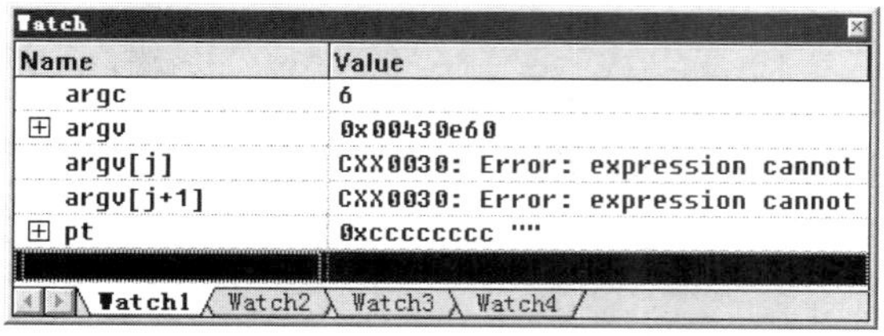

图 8-10 在 Watch 窗口中观察相关变量

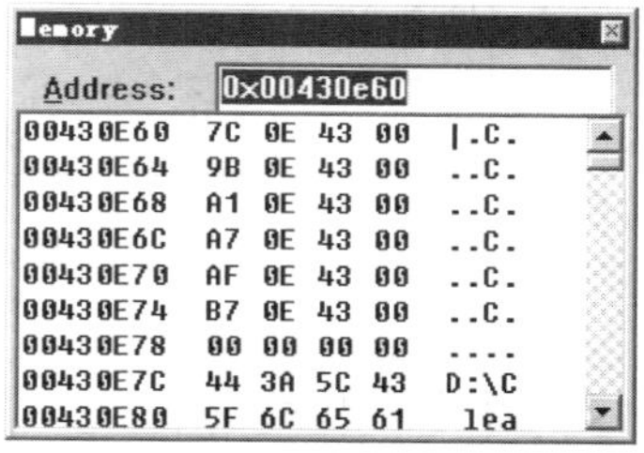

图 8-11 argv 指针数组包含的内容

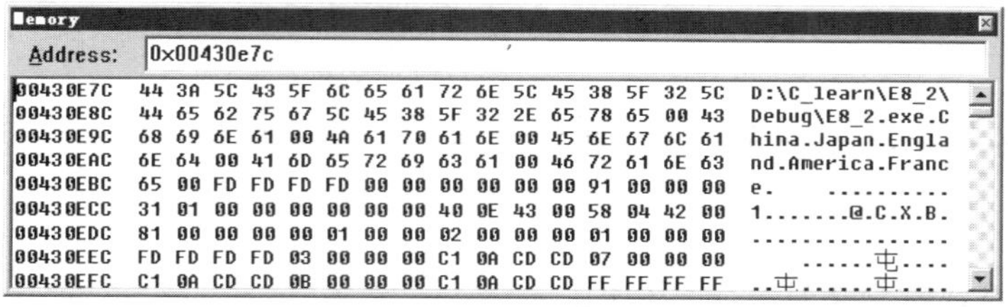

图 8-12 argv 指针指向的字符串参数

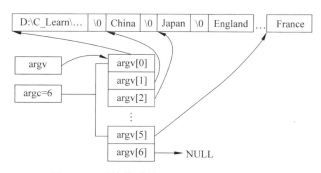

图 8-13 系统传递给 main 函数的两个参数

将光标移动到程序第 11 行 if 语句后的复合语句内,按 F9 键增加断点,然后按 F5 键继续执行程序。用户可以观察到在交换前,argv[j]的值指向 Japan,而 argv[j＋1]的值指向 England,交换后,argv[j]和 argv[j＋1]所保存的地址发生了变化,指向了新的值。

程序调试正确后,可以在命令提示符下运行(注意,此前在 argv[0]参数中出现过的程序所在的路径和程序名)。进入命令提示符后,按图 8-14 所示依次输入命令,即可执行

E8_2 程序。

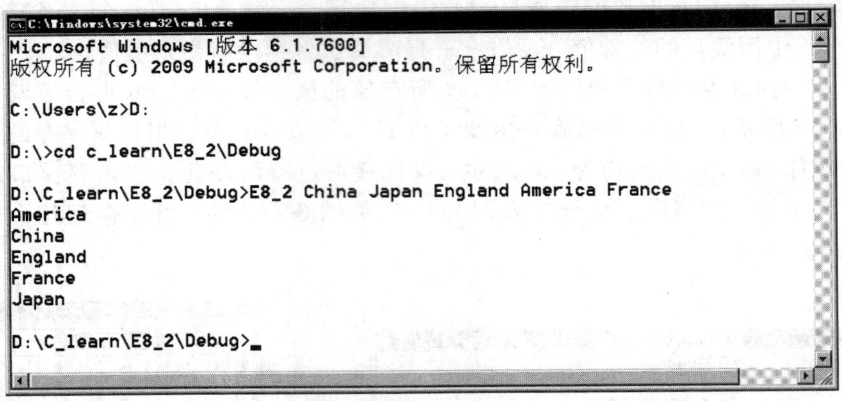

图 8-14   在命令提示符下执行 E8_2

2. 指针常见错误

（1）在给指针变量赋值时赋予非指针值。例如：

```
int i, * p;
p=i;
```

p 是指向整型的指针，它要求的是一个指针值，即一个变量的地址，因此应该写成：

```
p=&i;
```

也不能将一个整数赋给指针变量，又如：

```
p=10000;
```

正确的赋值形式有以下几种：

```
p=&a;                    将变量 a 的地址赋给 p
p=array;                 将数组 array 的首地址赋给 p
p=&array[i];             将数组 array 的第 i 个元素的地址赋给 p
p=max;                   max 为已定义的函数，将它的入口地址赋给 p
p1=p2;                   p1 和 p2 都是指针变量，将 p2 的值赋给 p1
```

（2）在使用指针变量之前没有让指针指向确定的存储区。例如：

```
char c[20], * str;
scanf("%s",str);
```

这里的 str 没有具体的指向，在向 str 输入数据时将产生系统错误，正确的语句应为：

```
char c[20], * str;
str=c;
scanf("%s",str);
```

（3）两个指针变量不能相加，但是可以相减。例如：

int * p1, * p2;

p1－p2 是可以的，但 p1＋p2 的运算是没有意义的。

（4）指针超过数组的范围，例如：

```
void main()
{
    int   a[10],i, * p;
    p=a;
    for(i=0;i<10;i++)
        scanf("%d",p++);
    for(i=0;i<10;i++,p++)
        printf("%d", * p);
}
```

在第一个 for 循环的时候已经使指针 p 移出了数组 a 的范围，在第二个 for 循环时指针已处在数组之外。在使用指针操作数组元素时，用户要特别注意指针越界的问题。所以，应将程序改为如下：

```
void main()
{
    int   a[10],i, * p;
    p=a;
    for(i=0;i<10;i++)
        scanf("%d",p++);
    p=a;                      /* 使 p 重新指向数组 a 的开始处 */
    for(i=0;i<10;i++,p++)
        printf("%d", * p);
}
```

（5）不同类型的指针不能一起运算。

8.3　案 例 拓 展

在学完本章后，大家可以进一步理解数组名作为函数参数时，数组名代表了数组的首地址，实际传递的是一个地址。由于只有指针变量才能接受地址，因此对应形参无论是定义为一个数组还是定义为一个指针变量，系统在处理时均把它们当作指针变量来处理。

由于采用指针作为函数参数时传递的是地址，因此在被调函数中如果改变了某个作为形参的指针所指变量的值，则改变后的值会直接影响对应实参，利用这一点，可以把改变后的值带回给实参。

在学生成绩管理程序中，可以在第 7 章的基础上，将函数中原来定义为数组的形参

直接改用指针,并采用指向数组的指针来访问数组。使用指针拓展后的程序代码如下:

```c
#include "stdio.h"
#include "stdlib.h"
#include "conio.h"
#define  SIZE  80
void input(float * a,int * n)
{
    float * p;
    system("cls");                                  /* 清屏 */
    printf("\n 请输入学生人数 (1-80):");
    scanf("%d",n);
    printf("\n 请输入学生成绩:");
    for(p=a;p<a+(* n);p++)
        scanf("%f",p);
    printf("按回车键返回:");
    getch();
}

void del(float * a,int * n)
{
    int   i,j,k=0;
    float m;
    system("cls");                                  /* 清屏 */
    printf("\n 请输入要删除的成绩:");
    scanf("%f",&m);
    for(i=0;i< * n;i++)
    if(m== * (a+i))                                 /* 查找 */
    {k=1;
        for(j=i;j< * n-1;j++)                       /* 删除 */
          * (a+j)= * (a+j+1);
        (* n)--;
        break;
    }
    if(!k)
        printf("找不到要删除的成绩!\n");
    printf("按回车键返回:");
    getch();
}

void find(float * a,int n)
{
    int   i,k=0;
    float m;
```

```
    system("cls");                                          /*清屏*/
    printf("\n请输入要查询的成绩:");
    scanf("%f",&m);
    for(i=0;i<n;i++)
    if(m==*(a+i))                                           /*查找*/
    { k=1;
        printf("已找到,是第%d项,值为%f\n",i,*(a+i));
        break;
    }
    if(!k)
        printf("找不到!\n");
    printf("按回车键返回:");
    getch();
}


void sort(float *a,int n)
{   int i,j;
    float t;
    system("cls");                                          /*清屏*/
    for(i=0;i<n-1;i++)
    for(j=0;j<n-i-1;j++)
        if(*(a+j)<*(a+j+1))
        { t=*(a+j);*(a+j)=*(a+j+1);*(a+j+1)=t;}
    printf("\n输出排序结果:\n");
    for(i=0;i<n;i++)
        printf("%f\t",*(a+i));
    printf("\n");
    printf("按回车键返回:");
        getch();
}
void display(float *a,int n)
{   float *p;
    system("cls");                                          /*清屏*/
    for(p=a;p<a+n;p++)
        printf("%f\t",*p);
    printf("\n");
    printf("按回车键返回:");
    getch();
}
void menu()
{
    system("cls");                                          /*清屏*/
    printf("\n\n\n\t\t\t     欢迎使用学生成绩管理系统\n\n\n");
    printf("\t\t\t********************************\n");
```

```
    printf("\t\t\t*              主菜单           * \n");    /* 主菜单 */
    printf("\t\t\t*********************************\n\n\n");
    printf("\t\t       1  成绩输入       2  成绩删除\n\n");
    printf("\t\t       3  成绩查询       4  成绩排序\n\n");
    printf("\t\t       5  显示成绩       6  退出系统\n\n");
    printf("\t\t       请选择[1/2/3/4/5/6]: ");
}
void main()
{
    int j,num;
    float score[SIZE];
    while(1)
    {   menu();
        scanf("%d",&j);
        switch(j)
        {
            case  1:   input(score,&num); break;
            case  2:   del(score,&num); break;
            case  3:   find(score,num); break;
            case  4:   sort(score,num); break;
            case  5:   display(score,num); break;
            case  6:   exit(0);
        }
    }
}
```

实训 16　指向变量的指针

1. 实训目的

(1) 掌握指向变量指针的使用;

(2) 掌握指针作为函数参数进行地址传递的方法。

2. 实训内容

(1) 完善程序:以下程序通过 calc 函数求一元二次方程的两个根。calc 函数返回 0 时表示方程为重根,返回 1 时表示为两正根,返回 −1 时表示返回两个复数根。

程序代码如下,但不完整,请补充完整:

```
#include <stdio.h>
#include <math.h>
int calc(float a,float b,float c,float * x1,float * x1i,float * x2,float * x2i)
{
    float d;
    d=b*b-4*a*c;
```

```
        if(d>0)
        {
            * x1=(-b-sqrt(d))/2/a;
            * x2=(-b+sqrt(d))/2/a;
            return 1;
        }
        else if(d==0)
        {
            * x1= * x2=-b/2/a;
            return 0;
        }
        else
        {
            _____①_____;
            _____②_____;
            _____③_____;
            _____④_____;
            return -1;
        }
    }
    void main()
    {
        float a,b,c,x1,x2,x1i,x2i;
        scanf("%f%f%f",&a,&b,&c);
        switch(calc(a,b,c,_____⑤_____))
        {
            case  0:
                printf("x1=x2=%.2f\n",x1);
                break;
            case  1:
                printf("x1=%.2f\tx2=%.2f\n",x1,x2);
                break;
            case  -1:
                printf("x1=%.2f+%.2fi\tx2=%.2f-%.2fi\n",x1,x1i,x2,x2i);
        }
    }
```

预习要求：读懂程序思路，并将程序补充完整。填写如表 8-1 所示的测试用表，至少设计 4 组测试用例并给出标准运行结果。

表 8-1　题（1）的测试用表

序　号	测试输入	测 试 说 明	标准运行结果	实际运行结果
1	1 2 1	相同的根	$x1=-1,x2=-1$	
2	0 1 1	退化的一元二次方程	错误的输入	
3		两个实数根		

续表

序　号	测试输入	测 试 说 明	标准运行结果	实际运行结果
4		两个复数根		
5		两个绝对值数量级相差 10^6 以上的根		
6		一个非常接近于 0 的根,另一个根很大		

上机要求:记录编译调试过程中发生的错误,使用测试用例测试程序并记录实际运行结果。

(2) 程序改错:下列程序中 fun 函数的功能是从低位开始取出长整型变量 s 中偶数位上的数,依次构成一个新数放在 t 中。例如,当 s 中的数为 7654321 时,t 中的数为 642。下列程序中有错误,请改正。

```
#include <stdlib.h>
#include <stdio.h>
void fun(long  s, long t)
{
    long   sl=10;
    s/=10;
    t=s%10;
    while(s<0)
    {
        s=s/100;
        t=s%10 * sl+t;
        sl=sl * 10;
    }
}
void main()
{
    long   s, t;
    system("cls");                          /＊清屏＊/
    printf("\nPlease enter s:");
    scanf("%ld",&s);
    fun(s,t);
    printf("The result is: %ld\n",t);
}
```

预习要求:阅读程序,写出 fun 函数中各个变量或参数的含义。手工修改程序中可能存在的错误,填写如表 8-2 所示的测试用表,至少设计 5 组测试用例并给出标准运行结果。

上机要求:记录编译调试过程中发生的错误,使用测试用例测试程序并记录运行结果。

表 8-2 题（2）的测试用表

序 号	测试输入	测试说明	标准运行结果	实际运行结果
1		普通 7 位数用例 1		
2		普通 7 位数用例 2		
3		输入带有数字 0 的数		

（3）编写程序：设计一个能够做约分的函数 calc，该函数通过参数接受两个整数分别作为分子和分母，并将化简后的结果通过这两个参数传回主调函数。写出调用 calc 的主函数，按照表 8-3 所示的样例写出其输入/输出。

表 8-3 输入/输出样例

输入:	请分别输入分子和分母：12,34
输出:	12/34 = 6/17

预习要求：画出流程图并编写出程序，然后填写如表 8-4 所示的测试用表，至少设计 5 组测试用例并给出标准运行结果。

上机要求：记录编译调试过程中发生的错误，使用测试用例测试程序并记录运行结果。

提示：

① 使用指针传递输入数据和输出数据；

② 需要检查两个整数是否合法（例如，两个数都不能为 0）；

③ 寻找两个数的公因子并进行化简。

表 8-4 题（3）的测试用表

序 号	测试输入	测试说明	标准运行结果	实际运行结果
1				
2				
3				
4		异常数据测试 1：分母为 0	给出出错提示	
5		异常数据测试 2：分子为负		

（4）编写程序：设计一个处理三角形的函数 fun，该函数接受三角形的 3 个顶点的 x 和 y 坐标，计算三角形重心的 x 和 y 坐标（重心：三条中线的交点）。

预习要求：画出流程图并编写出程序，然后填写如表 8-5 所示的测试用表，至少设计 5 组测试用例并给出标准运行结果。

上机要求：记录编译调试过程中发生的错误，使用测试用例测试程序并记录运行结果。

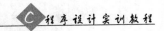
提示：

① 坐标是二维数据，每个点坐标需要两个参数传入，计算结果也是坐标，必须通过指针返回计算值；

② 需要检查输入是否合法（例如，三点共线无法构成三角形）。

表 8-5　题（4）的测试用表

序　号	测试输入	测试说明	标准运行结果	实际运行结果记录
1				
2				
3				
4		异常数据测试 1：		
5		异常数据测试 2：		

3. 常见问题

使用简单指针时常见的问题如表 8-6 所示。

表 8-6　简单指针常见问题

常见错误实例	常见错误描述	错误类型
int i, * p=i;	混淆了定义时初始化和赋值语句的区别，对指针变量初始化时，只能赋某变量的地址，应为 int i, * p=&i;	语法错误
int i, * p; p=3	不能直接给指针变量赋值，必须通过地址运算将某变量地址赋给对应的指针	语法错误
int i, * p; * p=3	指针必须要先指向某确定的内存地址，然后才能引用，应为 int i, * p; p=&i; * p=3;	运行错误
int i, * p; char ch; p=&ch;	指针只能指向定义时规定的类型，跨类型赋值一定要使用类型转换	语法错误
int i,j, * p; p=&i; * p=3; &i=&j;	一个变量的地址是不可改变的，应为 p=&i; * p=3; p=&j; * p=3;	语法错误

4. 分析讨论

参考问题：

（1）总结变量的直接引用和间接引用方式。

（2）总结使用 scanf、gets 函数时向其传入的是变量还是数组的什么数据。

（3）不明确指向有效内存空间的指针可以直接使用吗？

（4）总结简单指针的重要作用。

实训 17 指针与一维数组

1. 实训目的

（1）掌握指向数组元素指针的操作；
（2）学会使用指针访问一维数组的方法。

2. 实训内容

（1）完善程序：以下是一个统计班级排名的程序，符号常量 N 定义了本程序能够处理的最多班级人数，而班级的实际人数由程序决定。数组 EScore 和 MScore 分别保存了该班同学的英语成绩和数学成绩，数组 ID 是各个同学的学号（同一个下标的成绩和学号是一一对应的）。通用 Sort 函数使用选择法对班级的成绩进行排序，在排序的同时将调整学号的次序，以保证学号和成绩一一对应。Output 函数以表格形式输出该班的成绩单，Input 函数用来读取班级同学的信息。

程序代码如下，但不完整，请补充完整：

```
# include <stdio.h>
# include <stdlib.h>
# include <string.h>
# define N 60
void Input(long * pID,float * pES,float * pMS,int n)
{
    int i;
    for(i=0;i<n;i++)
    {
        printf("输入第%4d 同学的学号,英语成绩,数学成绩>",i+1);
        scanf("%d%f%f",pID+i,pES+i,pMS+i);
    }
}
void Output(long * pID,float * pES,float * pMS,int n)
{
    int i;
    printf("%10s%10s%10s\n","学号","英语","数学");
    printf("===================================\n");
    for(i=0;i<n;i++)
        printf(_____①_____);
}
void Sort(long * pID,float * pS1,float * pS2,int n)
{
    float tScore;
    int   tID;
```

```
int    i,j;
for(i=0;i<n-1;i++)
{
    for(_____②_____;j<n;j++)
        if(*(pS1+i)<*(pS1+j))
        {
            tScore=pS1[i],pS1[i]=pS1[j],pS1[j]=tScore;
            _____③_____;
            _____④_____;
        }
}
}
void main()
{
float ES[N],MS[N];
long ID[N];
int n;
printf("输入班级总人数");
scanf("%d",&n);
Input(ID,ES,MS,n);
Sort(ID,MS,ES,n);
system("cls");
printf("按照数学成绩排序\n\n");
Output(ID,ES,MS,n);
Sort(ID,ES,MS,n);
printf("按照英语成绩排序\n\n");
Output(ID,ES,MS,n);
}
```

预习要求：阅读程序，读懂程序思路，列表写出每个函数中各个变量或参数的含义，并将程序补充完整。填写如表 8-7 所示的测试用表，准备一组包含 8 人的班级的小型范例作为测试用例，写出按英语排序和数学排序后的结果。

上机要求：记录编译调试过程中发生的错误，使用测试用例测试程序并记录运行结果。

表 8-7　题(1)的测试用表

序　号	测试输入	标准运行结果	实际运行结果

(2) 程序改错：下列程序的功能是分别找出某班成绩最高和最低的同学的学号。fun 函数定义一个形参数组来接收成绩，同时寻找最高分和最低分在数组中的序号，并通过指针参数以地址传递方式返回给主程序。该程序中有错误，请改正。

```
#include <stdlib.h>
```

```
#include <stdio.h>
#define N 30
void fun(int score[],int n,int * maxIndex,int * minIndex)
{
    int i,max,min;
    for(i=0;i<n;i++)
    {
        if(score[i]>max)
            max=score[i];
        else if(score[i]<min)
            min=score[i];
    }
    maxIndex= &max;
    minIndex= &min;
}
void main ()
{
    int score[N],ID[N],i,maxIndex,minIndex;
    system("cls");
    printf("请逐行输入每个同学的学号和成绩");
    for(i=0;i<N;i++)
        scanf("%d%d",ID[i],score[i]);
    fun(score,N,maxIndex,minIndex);
    printf("最高分%d,学号%d\n 最低分%d,学号%d",
        score[maxIndex],ID[maxIndex],score[minIndex],ID[minIndex]);
}
```

预习要求：阅读程序，列表写出函数中各个变量的作用。然后手工修改程序中可能存在的错误，填写如表 8-8 所示的测试用表，设计一组 5 人次的小型班级数据作为测试数据。

上机要求：记录编译调试过程中发生的错误，使用测试用例测试程序并记录运行结果。

表 8-8　题（2）的测试用表

序　号	测试输入	标准运行结果	实际运行结果

（3）程序改错：下列函数的功能是在字符串 str 中找出 ASCII 值最大的字符，然后将其放在第 1 个位置上，并将该字符前的原字符向后顺序移动。例如，调用函数前输入字符串 ABCDeFGH，调用后字符串的内容为 eABCDFGH。下列程序中有错误，请改正。

```
#include  <stdio.h>
void fun( char * p)
{
```

```
    char    max, * q;
    int    i=0;
    max=p[i];
    while( p[i]!=0 )
    {
        if( max<p[i] )
        {
            max=p[i];
            p=q+i;
        }
        i++;
    }
    while(q<p)
    {
        * q= * (q-1);
        q--;
    }
    p[0]=max;
}
void main()
{
    char    str[80];
    printf("Enter a string:  ");
    gets(str);
    printf("\nThe original string:      ");
    puts(str);
    fun(str);
    printf("\nThe string after moving:  ");
    puts(str);
    printf("\n\n");
}
```

预习要求：阅读程序，分别画出 fun 函数和主函数的 N-S 流图或流程图，列表写出 fun 函数中各个变量的含义。然后手工修改程序中可能存在的错误，填写如表 8-9 所示的测试用表，给出两组不同的测试数据，同时给出标准结果。

上机要求：记录编译调试过程中发生的错误，使用测试用例测试程序并记录运行结果。

表 8-9　题(3)的测试用表

序　号	测试输入	测试说明	标准运行结果	实际运行结果
1	ABCDeFGH	字母字符串	eABCDFGH	
2		包含其他字符的字符串		
3		包含控制字符的字符串		

（4）编写程序：求出 1～1000 之间能被 5 或 13 整除，但不能同时被 5 或 13 整除的所有整数，将结果保存在数组中，要求程序的输入、计算和输出分别使用函数实现。

预习要求：写出 1～100 之间满足条件的部分解，画出流程图并编写出程序。

上机要求：记录编译调试过程中发生的错误，运行程序并记录运行结果。

提示：

① 需要一个计数器以累计满足条件解的数目，需要事先估计一个足够大的数组以存放所有的解；

② 需要定义一个足够大的数组以存放所有的解。

3. 常见问题

使用指针和数组时常见的问题如表 8-10 所示。

表 8-10 指针与数组常见问题

常见错误实例	常见错误描述	错误类型

int a[4],* p=a,i,s=0;
for(i=0;i<4;i++)
　* p+=i;
for(i=0;i<4;i++)
　s+= * p++;
	使用指针处理数组和使用下标处理数组不同，指针遍历数组后，已经指向数组外的内存，再次使用该指针需要重新回位	逻辑错误

int a[5],* p=a; p++;a++;	数组名就是数组首元素的地址，p 作为指针可以执行加法，表示向后移动指针，而数组名是常量，不能变化	语法错误

4. 分析讨论

（1）总结数组元素的表示形式。

（2）总结数组名和指向数组首元素的指针的主要区别。

实训 18　指针与多维数组及字符数组

1. 实训目的

（1）学会使用指针遍历多维数组元素；

（2）掌握使用指针操作字符串；

（3）掌握使用指向数组的指针。

2. 实训内容

（1）完善程序：下面程序的功能是从键盘输入两个字符串并分别保存在字符数组 str1 和 str2 中，用字符串 str2 替代字符串 str1 前面所有的字符。其输入要求 str2 的长度不大于 str1，否则需要重新输入。

程序代码如下，但不完整，请补充完整：

```
#include <stdlib.h>
#include <stdio.h>
#include <string.h>
void main()
{
    char str1[81],str2[81];
    char * p1=str1, * p2=str2;
    system("CLS");
    do
    {
        printf("Input str1 \n");
        gets(str1);
        printf("Input str2 \n");
        gets(str2);
    }while(____①____);
    while(____②____)
        * p1++= * p2++;
    printf("Display Str1\n");
    puts(____③____);
}
```

预习要求：复习字符串处理函数，阅读程序读懂程序思路，写出函数中两个循环的作用。填写如表 8-11 所示的测试用表，给出 3 组不同的测试数据，同时给出标准结果。

上机要求：记录编译调试过程中发生的错误，使用测试用例测试程序并记录运行结果。

表 8-11　题（1）的测试用表

序　　号	测试输入	测试说明	标准运行结果	实际运行结果
1				
2				
3				

（2）完善程序：下面程序的功能是计算 $n \times n$ 的 n 阶随机方阵的各个元素的方差，方阵大小 n 为常量，在程序开始处定义。方差公式为 $S_n = \sqrt{\dfrac{1}{n}\sum_{i=1}^{n}(x_i - \bar{x})^2}$，其中 $\bar{x}$ 为平均数，$\bar{x} = \dfrac{1}{n}\sum_{i=1}^{n}x_i$。

例如，$n = 4$ 时其方差为 a，则

$$a = \begin{vmatrix} 41 & 47 & 34 & 29 \\ 24 & 28 & 8 & 12 \\ 14 & 5 & 45 & 31 \\ 27 & 11 & 41 & 45 \end{vmatrix} = 12.964$$

程序代码如下,但不完整,请补充完整:

```c
#include <stdlib.h>
#include <conio.h>
#include <stdio.h>
#include <math.h>
#include <time.h>
#define M 20
double proc(int * p,int n)
{
    int i, * p1;
    double s=0.0,aver=0.0,f=0.0,sd=0.0;
    p1=p;
    for(i=0;i<n * n;i++)
        s+= * p1++;
    aver=s/n/n;
    p1=p;
    for(i=0;i<n * n;i++)
        f+=_____①_____ ;
    f/=n * n;
    sd=_____②_____ ;
    return sd;
}
void Output(int a[M][M])
{
    int i,j;
    for(i=0;i<M;i++)
    {
        for(j=0;j<M;j++)
            printf("%5d",a[i][j]);
        printf("\n");
    }
}
void main()
{
    int arr[M][M];
    int n=M,i,j;
    double s;
    printf("生成随机方阵:");
    srand(time(NULL));
    for(i=0;i<n;i++)
        for(j=0;j<n;j++)
            arr[i][j]=rand()%50;
    Output(arr);
```

```
    s=proc(&arr[0][0],M);
    printf("方差为:%f",s);
}
```

预习要求：阅读程序，从形参、实参和算法角度，对比分析 proc 和 Output 两个函数参数传递的异同点。

上机要求：记录编译调试过程中发生的错误，并记录运行结果。

(3) 程序改错：在下面的给定程序中，函数 proc()的功能是将一个 $N \times N$ 的二维数组顺时针旋转 90 度。例如当 $N=4$ 时，旋转前后的数组如下：

```
1 2 3 4        1 7 5 1
5 6 3 2   =>   7 8 6 2
7 8 9 6        2 9 3 3
1 7 2 8        8 6 2 4
```

下列程序中有错误，请改正。

```c
#include <stdio.h>
#include <stdlib.h>
#include <string.h>
#define N 4
int a[N][N];
void proc(int * parr,int n)
{
    int i,j,t;
    for(i=0;i<n-1;i++)
        for(j=0;j<n-1;j++)
        {
            t= * (parr+i * n+j);
            * (parr+i * n+j)= * (parr+(n-1-j) * n+i);
            * (parr+ (n-1-j) * n+i)= * (parr+(n-1-i) * n+n-1-j);
            * (parr+ (n-1-i) * n+n-1-j)= * (parr+j * n+n-1-i);
            * (parr+j * n+n-1-i)=t;
        }
}
void Output(int a[N][N])
{
    int i,j;
    for(i=0;i<N;i++)
    {
        for(j=0;j<N;j++)
            printf("%4d",a[i][j]);
        printf("\n");
    }
}
```

```
void main()
{
    int i,j,c=0;
    for(i=0;i<N;i++)
        for(j=0;j<N;j++)
            a[i][j]=++c;
    proc(&a[0][0],N);
    Output(a);
}
```

预习要求：阅读程序，列表写出 proc 函数中各个变量或参数的含义，并手工修改程序中可能存在的错误。

上机要求：记录编译调试过程中发生的错误，并记录运行结果。

(4) 编写程序：设计程序（文件名为 P8_3.c），该程序通过 main 函数的参数传递向主程序传递一个或多个数字字符串，将这些字符串转换为二进制数，并以表格形式输出，要求每 4 比特插入一个空格。

一些限制条件：作为参数的整数字符串，大小不超过 int 的表示范围；转换后的二进制数不超过 31 个比特；若数字字符串中有非数字字符，则对该字符串报错；若一个字符串都没有传递，则提示用户使用方法。

例如，图 8-15～图 8-17 所示为几个运行范例。

```
D:\C_learn\P8_3\Debug>P8_3 1234 15 256 432
    十进制              二进制
========================================
    1234        0000 0100 1101 0010
      15        0000 0000 0000 1111
     256        0000 0001 0000 0000
     432        0000 0001 1011 0000

D:\C_learn\P8_3\Debug>_
```

图 8-15 命令提示符下参数正确时的运行结果

```
D:\C_learn\P8_3\Debug>P8_3
请输入数字字符串参数.
使用方法:
P8_3 1234 15
运行结果:

    十进制              二进制
========================================
    1234        0000 0100 1101 0010
      15        0000 0000 0000 1111

D:\C_learn\P8_3\Debug>_
```

图 8-16 未带参数时应给出帮助信息和范例

```
D:\C_learn\P8_3\Debug>P8_3 1234 234 12A2 123 2A3
    十进制                 二进制
=================================================
     1234          0000 0100 1101 0010
      234          0000 0000 1110 1010
     12A2          无法解析
      123          0000 0000 0111 1011
      2A3          无法解析

D:\C_learn\P8_3\Debug>_
```

图 8-17　参数错误时应给出出错信息

预习要求：

① 画出框图并编写程序，然后填写如表 8-12 所示的测试用表，准备 9 组不同的测试用字符串，将它们事先转换为二进制；

② 复习本章例 8-2 中的调试方法。

上机要求：记录编译调试过程中发生的错误，使用测试用例测试程序并记录运行结果。

提示：

① 在将包含数字的字符串转化为整数时需要注意字符'0'和数字 0 的区别。

② 因为二进制位的个数不超过 31 个，所以可以使用数组保存 2 的幂，然后使用减法将十进制转换为二进制。

表 8-12　题（4）的测试用表

序　号	待输入的十进制值	测试说明	二进制值（标准结果）	实际运行结果
1		—		
2		—		
3		—		
4		—		
5		—		
6		—		
7		很大的整数		
8		包含非数组的整数		
9		接近整型数表达上限的数		
10	－100	未要求程序处理负数	以报错响应	

3. 常见问题

使用指针与多维数组以及字符数组时常见的问题如表 8-13 所示。

表 8-13　指针与多维数组以及字符数组常见问题

常见错误实例	常见错误描述	错误类型
`int a[3][4];` (1) `int * p1[3];p1=a;` (2) `int ( * p2)[3];p2=a;` (3) `int ( * p3)[4];p3=&a[0][0];` (4) `int ( * p4)[4];p4=&a[0];` (5) `int ( * p5)[4];p5=&a;` (6) `int ( * p6)[3][4];p6=&a;`	指向数组指针最容易发生的错误是类型不匹配错误。 (1) p1 为指针数组,无法将 a 地址赋值给数组名。 (2) p2 指向一个具有 3 个元素的数组,而 a 的行指针是 4 个元素的数组,赋值语句左右类型不匹配。 (3) p3 是合适的行指针,但是 &a[0][0]是一个整型变量的地址,赋值语句左右类型不匹配。 (4) p4 是合适的行指针,p4 的赋值是正确的。 (5) p5 是合适的行指针,但是 &a 是整个 a 二维数组的地址,赋值语句左右类型不匹配。 (6) p6 是指向整个数组的指针,对 p6 的赋值是合适的。	 语法错误 逻辑错误 逻辑错误 正确赋值 语法错误 正确赋值

`int a[5][4];`
`f(&a[0][0],5,4);`
`...`
`void f(int * p,int r,int c)`
`{`
　　`int i,j,s=0;`
　　`for(i=0;i<r;i++)`
　　　　`for(j=0;j<c;j++)`
(1) `s=s+p[i][j]`
(2) `s=s+ * (p+i * r+j)`
(3) `s=s+ * (p+i * c+j)`
	通过指向元素的指针向函数传递二维数组的首地址是一种常见操作方法,但是以一维数组形式操作二维数组容易犯逻辑错误。
	
	(1) 的类型不匹配。
	(2) 的列指针计算错误。
	(3) 是正确的。
		
		语法错误
		逻辑错误

`char s[20]="Hello", d[20];char *`
`p="Hello", * q;`
(1) `s[2]='\0';`
(2) `* (p+2)='\0'`
(3) `p++`
(4) `s++`
(5) `strcpy(s,"BOY");`
(6) `strcpy(p,"BOY");`
 	
(7) `p=s;strcpy(p,"BOY");`
 	
(8) `p="BOY"`
(9) `s="BOY"`
 	
(10) `strcpy(d,"GIRL");`
(11) `strcpy(q,"GIRL");`
	字符串指针最常见的错误是混淆指针与数组。
	(1) 正确,字符串被打断为 He。
	(2) 错误,p 指向常量字符串,不得修改。
	(3) 正确,现在 p 指向"ello"字符串。
	(4) 错误,s 是常量,不能做自加运算。
	(5) 正确,当然要小心字符越界。
	(6) 错误,p 指向的内存区域是只读的常量区。
	(7) 正确,现在 p 指向的空间是可读可写的内存区域。
	(8) 正确,现在 p 指针指向新的字符串。
	(9) 错误,这是数组初始化时才可以采用的形式,要改用 strcpy 函数。
	(10) 正确,d 有足够的空间存放字符串。
	(11) 错误,q 尚未指向任何可用的内存空间。
		
		运行错误
		
		语法错误
		
		运行错误
		
		语法错误
		
		运行错误

4. 分析讨论

参考问题:

(1) 在二维数组中行指针加法的跨度和列指针加法的跨度有何不同?

(2) 试使用字符指针来实现本书数组一章中所有的字符串处理函数。

实训 19 复 杂 指 针

1. 实训目的

(1) 掌握指向数组的指针的操作;

(2) 掌握指向函数的指针的操作;

(3) 掌握指向指针的指针的操作。

2. 实训内容

(1) 完善程序:下面程序使用行指针计算方阵中对角线元素的和,方阵中每个元素由随机函数生成。

程序代码如下,但不完整,请补充完整:

```
#include <stdlib.h>
#include <stdio.h>
#include <time.h>
#define N 10
void Output(int * arr,int row,int column)
{
    int i,j;
    for(i=0;i<row;i++)
    {
        for(j=0;j<column;j++)
            printf("%4d",___①___);
        printf("\n");
    }
}
void main()
{
    int arr[N][N];
    int (* p)[N]=arr;
    int sum,i;
    srand(___②___);
    for(i=0;i<N;i++)
        for(j=0;j<N;j++)
            arr[i][j]=rand()%100;
```

```
    system("CLS");
    printf("源数组为:\n");
    Output(&arr[0][0],N,N);
    sum=    ③    ;
    for(i=0;i<N;i++)
        sum+=    ④    ;
    printf("主对角线和为:%d\n",sum);
}
```

预习要求:读懂程序思路,并将程序补充完整,然后填写如表 8-14 所示的测试用表,手工设计一组 4×4 的测试用例并给出标准运行结果。

上机要求:注释掉程序中的随机生成数据部分代码,使用数组初始化方式使每次运行都是同样的数据,修改数组大小 N 为 4,以小数据进行验证,记录编译调试过程中发生的错误。使用测试用例测试程序并记录运行结果,在调试正确后修改回原随机部分代码和数组大小。

表 8-14 题(1)的测试用表

序　号	测试输入	标准运行结果	实际运行结果

(2) 完善程序:下面程序中 fun 函数的功能是用矩形法求定积分,传入参数为积分区间[a,b]、积分函数 p、以及积分步长 delta。主程序由用户输入区间 a、b 和积分步长 delta,分别求 sin(x) 在[a,b]区间上的积分和 x*x 在[a,b]区间上的积分。

程序代码如下,但不完整,请补充完整:

```
#include <stdlib.h>
#include <stdio.h>
#include <math.h>
float fun(float a,float b,    ①    ,float delta)
{
    float s=0;
    while(a<b)
    {
        s+=    ②    * delta;
        a+=delta;
    }
    return s;
}
float f1(float x)
{
    return sin(x);
}
float f2(float x)
```

```
{
    return x * x;
}
void main()
{
    float a,b,delta;
    printf("分别输入积分区间 a,b,和积分步长 delta>");
    scanf("%f,%f,%f",&a,&b,&delta);
    printf("函数 sin(x)在[%f,%f]上的积分为%f",a,b,fun(a,b,f1,delta));
    printf("函数 x * x 在[%f,%f]上的积分为%f",a,b,fun(a,b,f2,delta));
}
```

预习要求：读懂程序思路，并将程序补充完整。填写如表 8-15 所示的测试用表，针对两个积分函数各设计两组具有典型特征的积分区间，手工计算积分结果。

上机要求：记录编译调试过程中发生的错误，使用不同大小的积分步长对测试数据进行计算，并记录不同积分步长对计算精度的影响。

表 8-15　题（2）的测试用表

序　号	积分区间	数学结果	运行结果
1			
2			
3			
4			

（3）程序改错：下面程序不改变数组的顺序，按照从小到大的顺序输出数组元素。算法思想是使用指针数组指向每个数组元素，然后对指针排序，排序算法使用了选择排序法。该程序中有错误，请改正。

```
#include <stdio.h>
#define N 10;
void main()
{
    int arr[N],* p[N],i,j,t;
    printf("输入%d 个整数\n",N);
    for(i=0;i<N;i++)
        scanf("%d",&arr[i]);
    for(i=0;i<N;i++)
        p[i]=arr+i;
    printf("准备排序\n");
    for(i=0;i<N;i++)
        for(j=i+1;j<N;j++)
```

```
         if( * p[j]> * p[i])
               t= * p[j];
                * p[j]= * p[i];
                * p[i]=t;
      printf("排序结果\n");
      for(i=0;i<N;i++)
          printf("%d\t", * p[i]);
   }
```

预习要求：读懂程序思路，手工修改程序中可能存在的错误。填写如表 8-16 所示的测试用表，给出一组测试数据，同时给出标准结果。

上机要求：记录编译调试过程中发生的错误，使用测试数据运行程序，并记录运行结果。

表 8-16　题（3）的测试用表

序　号	测试输入	标准运行结果	实际运行结果

（4）编写程序：在处理图像时，有时使用一种十字中值滤波算法，以提高图像的平滑度。对于一幅图像，可以认为是一个二维数组，图像中某一点 P(x,y) 的周围有 P 点、P$_左$($x-1,y$)、P$_右$($x+1,y$)、P$_上$($x,y-1$)、P$_下$($x,y+1$)5 个点，则十字中值滤波算法将 P(x,y) 的平均值作为新值。边缘地区的滤波值可采用较少的点进行平均。

设计一个通用处理函数 proc,proc 函数接收源图像数组，并修改目标数组。图像的大小通过形参传入 proc。主程序通过随机函数生成 10×10 的图像数组，在调用 proc 函数前后分别列表输出源数据和中值滤波后的平均值数据以作对比。

预习要求：画出框图并编写程序。填写如表 8-17 所示的测试用表，准备一组 6×6 数组的测试用例，手工计算滤波后的新数组值。

上机要求：记录编译调试过程中发生的错误，使用测试用例测试程序并记录运行结果。

提示：在计算 i 行的平均值时，需要用到 $i-1$ 和 $i+1$ 行的原始数据，因此必须使用两个数组进行运算。

表 8-17　题（4）的测试用表

序　号	测试输入	标准运行结果	实际运行结果

3. 常见问题

使用复杂指针时常见的问题如表 8-18 所示。

表 8-18　复杂指针常见问题

常见错误实例	常见错误描述	错误类型
int i, * p,**q; (1) q= &i; (2) p=&i; * p=3; (3) q=&p; * q=3; (4) q=&p;**q=3; (5) q=&p;p=&i;**q=3; (6) q=&&i;	类型不匹配是复杂指针的常见错误。 (1) 类型不匹配,q 只能指向整型指针。 (2) 正确。 (3) 错误, * q 是指针类型。 (4) 错误,p 指针尚未指向有效内存。 (5) 正确。 (6) 错误,&i 本身是表达式,无法对表达式取地址	语法错误 语法错误 运行错误 语法错误

4. 分析讨论

参考问题:
(1) 多级指针构成多级间接引用,使用多级指针引用指向的变量时怎样表示?
(2) 总结使用指向函数的指针做函数参数的主要优点。

练 习 8

(1) 设计编写函数 MyStrStr,寻找字符串中第一个出现的子串。函数的原型为:

```
char * MyStrStr(char * pSrc,char * pSub)
```

其中,pSrc 指向源串,pSub 指向要在源串中查找的子串,MyStrStr 函数返回子串在源串中第一次出现的位置。若是源串中不存在子串,则返回空值 NULL。例如,主调函数源串为字符数组 char src[]="Hello,world",而子串为 char sub[]="or",则 MyStrStr(src,sub)将返回指向 src[7]的指针,要求在编写 MyStrStr 函数的同时,也编写一个调用这个函数的主函数。

(2) 设计编写函数 MyLTrim,该函数能够去掉字符串左边的白空格(白空格包括空格' '、跳格'\t'和换行'\n')。MyLTrim 函数的原型为:

```
char * MyLTrim(char * pSrc)
```

其中,pSrc 为待处理的源串,MyLTrim 返回值为处理后的串。注意,MyLTrim 不是仅仅寻找到第一个非白空格字符就返回,需要将源串中所有字符向左移动。例如,主调函数中源串为 char src[]="\t\nHello";,则 char * p=MyLTrim(src);的结果是 p 指向 src[0],而 src 左边的空格被删除,src 的串长调整为 5,要求编写函数 MyLTrim 的同时编写一个主函数调用 MyLTrim。

(3) 设计编写函数 MyAtohex,该函数能够将字符串左边的十六进制字符串转换为十进制整数,对于多余字符则忽略。MyAtohex 的原型为:

```
long MyAtohex(char * pSrc)
```

例如,函数调用 long d=MyAtohex("12abxyz")将会得到 4779(0x12ab=4779)。要

求编写 MyAtohex 的同时编写一个主函数,用户输入一个字符串,调用 MyAtohex 并显示解析后的值。

(4) 在 C 语言处理中有一种"多字符串"的存储方式,即多个字符串依次连接,中间以\0'分隔,多字符串最后以空串表示多字符串结束。例如,图 8-18 所示为一个多字符串的例子,图中有 3 个字符串,分别是"Hi"、"Goodbye"和空串。

图 8-18　多字符串

设计编写函数 MyAppendString,该函数能将普通字符串添加到现有多字符串的最后。该函数的原型为:

```
int MyAppendString(char * pMultiString,char * pString)
```

其中,pMultiString 为多字符串或空串,pString 为待添加字符串,若 pString 指向非空串,则添加到多串的末尾,否则统计多串中的个数(包含最后的空串),若参数错误则返回 -1。要求编写 MyAppendString 函数的同时编写主函数。

(5) 编写程序,使用指针寻找矩阵中的零元素的个数。函数 MyCountZero 的原型为:

```
int MyCountZero(float * f,int row,int column)
```

将二维数组作为一维数组来接收,并且传入行和列的值,返回数组中零元素的个数。

(6) 编写程序,使用指针累加矩阵中最外一圈元素的和。函数 fun 的原型为:

```
float fun(float * f,int row,int column)
```

将二维数组作为一维数组来接收,并且传入行和列的值,返回值为所求之和。

(7) 在某次医学实验中,预计某药物在一定时效内会使小白鼠的脉搏紊乱。对 5 只小白鼠注射该药物后,各进行了 4 个小时的连续观察和数据记录,获得了每 10 分钟小白鼠的脉搏计数。现需要获得其中药物特征最明显的那组小白鼠的数据进行进一步研究,试编程解决。

要求:

① 使用二维数组保存实验数据,使用行指针指向每个小白鼠的实验数据;

② 使用均方差计算各个小白鼠的脉搏紊乱状况,最后取均方差最高的那组作为研究对象;

③ 反复使用函数 proc 计算每组数据的均方差,proc 以行指针接收各组数据;

④ 最后以表格输出所需小白鼠的数据。

(8) 编写程序,计算正浮点数的四则运算。这里假定所有的四则运算均只有一个运算符,所提供的运算式形式均为"A+B="。其中,A、B 为浮点数,类似 10.0 这样的数可以简写为 10 这样的整数形式。另设所有运算数均不包括负数,但包括 0。若是四则运算式不能解析,则应反馈用户输入错误,然后跳过此四则运算式。要求以 main 函数参数形式计算一个或者多个四则运算式。若 main 函数不带有任何参数,则程序可通过询问用户四则表达式的方式进行计算,直到用户输入空串。

第9章

结构体与共用体

9.1 知识点梳理

1. 结构体类型变量的定义、初始化与引用

结构体类型变量的定义和初始化有 3 种方法。

方法 1：先声明结构体类型，再定义、初始化结构体变量。例如：

```
struct student                          /*定义结构体类型 struct student*/
{
    int num;
    char name[20];
};
struct student stu1={20,"wang fei"},stu2;
                                        /*定义变量 stu1、stu2,并初始化 stu1*/
```

方法 2：声明结构体类型的同时定义、初始化结构体变量。例如：

```
struct student                          /*定义结构体类型 struct student*/
{
    int num;
    char name[20];
}stu1={20,"wang fei"},stu2;             /*定义变量 stu1、stu2,并初始化 stu1*/
```

方法 3：直接定义、初始化结构体变量。例如：

```
struct
{
    int num;
    char name[20];
}stu1={20,"wang fei"},stu2;             /*定义变量 stu1、stu2,并初始化 stu1*/
```

引用形式：

结构变量名.成员名

例如,stu2.num=50;

2. 结构体数组的定义、初始化与引用

结构体数组的定义、初始化方法与结构体变量的方法类似,也可采取 3 种方式。例如:

```
struct student
{
    int num;
    char name[20];
}stu[30]={1,"wang",2,"li",3,"cheng"};     /* 定义数组 stu 并初始化部分元素 */
```

引用形式:

结构数组名[下标].成员名

例如,scanf("%d%s",&stu[4].num,stu[4].name);

3. 结构体指针变量

结构体指针变量的定义方法和结构体变量类似。例如:

```
struct student
{
    int num;
    char name[20];
}stu1,stu[30], * p=&stu1;               /* 定义并初始化结构体指针变量 p */
```

当结构体指针指向了某个具体的变量后,即可使用这个指针变量引用该变量的成员,引用形式可采用以下两种形式之一:

(1) (* 结构体指针变量名).成员名

(2) 结构体指针变量名->成员名

例如,(* p).num　或　p->num。

如果结构体指针指向了某个相同类型的数组,也可使用这个指针访问数组中的每个元素。例如:

```
p=stu;                          /* 结构体指针 p 指向了同类型的数组 stu */
for(i=0;i<30;i++,p++)           /* 用结构体指针 p 访问数组 stu 中的每个元素 */
    scanf("%d%s",&p->num,p->name);
```

在函数中,如果用结构体指针作为形参时采用的是地址传递方式,即传递的是变量地址,对应实参一定是个地址。例如:

```
void fun(struct student * p)          void main()
{                                     {   struct struct s;
    ...                                   ...
}                                         fun(&s);
                                          ...
                                      }
```

4. 共用体变量的定义与引用

共用体类型变量的定义方法与结构体变量的定义类似,既可以先定义共用体类型,再定义该类型的变量;也可以在定用共用体类型的同时定义该类型的变量;还可以直接定义共用体类型变量。例如:

```
union data
{ char c;
    int a;
}x,y;
```

引用共用体变量的形式为

共用体变量名.成员名

例如,x.a=2;

5. 枚举变量的定义

枚举变量的定义方法与结构体变量的定义类似,也可采用 3 种方法。例如:

```
enum weekday{sun,mon,tue,wed,thu,fri,sat};        /* 定义枚举类型 */
enum weekday a,b;                                  /* 定义枚举变量 */
```

6. 自定义类型名

用 typedef 自定义类型名的一般形式为:

typedef　原类型名　新类型名;

例如:

```
typedef struct student{
    int num;
    char name[20];
}STU;                                             /* 给结构体类型定义一个新名字 */
STU  stu11,stu2;                                  /* 用新名字定义结构体变量 */
```

9.2　编 程 技 能

结构体和共用体是一种复杂的数据结构,正确地理解结构体和共用体结构需要从内存角度来观察。

【例 9-1】　电脑城商户需要管理大量配件,相同的配件具有相同的名称,但是进货日期不同,其进价也各不相同。电脑城在销售这些配件时,需要计算其成本。要求开发一个程序,为电脑城管理多达上限为 100 个种类的配件表。管理员首先输入电脑配件名称、数量以及进货价格,若输入名称为空则结束输入,然后开始统计,程序需要分类统计各种电脑配件的平均成本，以决定当日的售价。

分析：据问题要求可知，这个程序的核心是设计一个配件的结构体数组，数组大小为 100。结构体的数据包括名称、库存数量、总成本，这样，可以定义以下结构体 Object。

```c
#define Obj struct Object
Obj
{
    char   ObjName[20];                    /* 名称 */
    int    Stock;                          /* 库存数量 */
    float  TotalCost;                      /* 总成本 */
};
```

上限 100 种配件，说明对于该结构体类型可以定义一个 100 元素的数组作为存放数据的容器。围绕这个结构体数组，需要编写完成进货的 Purchase 函数、完成出货的 Sales 函数和浏览的 Browse 函数。编写的程序如下：

```c
#include <stdio.h>
#include <string.h>
#include <stdlib.h>
#define Obj struct Object
Obj
{
    char    ObjName[20];
    int     Stock;
    float   TotalCost;
};
Obj        TotalObj[100];
void       Purchase()                        /* 进货函数 */
{
    char    Name[100];
    int     Number,i;
    float   Price;
    printf("  ===  purchase program:  ===\n");
    while(1)
    {
        printf("Input Name Number Price.Input Number=0 to quit>");
        scanf("%s%d%f",Name,&Number,&Price);
        if(Number==0)    break;
        for(i=0;i<100;i++)
        {
            if(strcmp(TotalObj[i].ObjName,Name)==0)break;
            if(TotalObj[i].ObjName[0]=='\0')
            {
                strcpy(TotalObj[i].ObjName,Name);
                break;
```

```
            }
        }
        if(i<100)
        {
            TotalObj[i].TotalCost+=Number*Price;
            TotalObj[i].Stock+=Number;
        }
        else
            printf("Too many types.Input again\n");
    }
    printf("Thank's purchase\n");
}
void    Sales()                           /*出货函数*/
{
    char    Name[100];
    int     Number,i;
    float   Price;
    printf("  ===  sales program:  ===\n");
    while(1)
    {
        printf("Input Name Number Price.Input Number=0 to quit>");
        scanf("%s%d%f",Name,&Number,&Price);
        if(Number==0)     break;
        for(i=0;i<100;i++)
            if(strcmp(TotalObj[i].ObjName,Name)==0)    break;
        if(i<100)
        {
            if(Number>TotalObj[i].Stock)
            {
                printf("There no such %d stock,and only left %d ,
                        Input again.\n",Number,TotalObj[i].Stock);
                continue;
            }
            TotalObj[i].Stock-=Number;
            TotalObj[i].TotalCost-=Price*Number;
            if(TotalObj[i].Stock==0)
                    TotalObj[i].ObjName[0]='\0';
        }
        else
            printf("No find object names %s.\n",Name);
    }
    printf("Thank's Input\n");
}
void    Browse()                          /*浏览函数*/
```

```c
{
    int     i;
    int     c;
    float   all=0;
    printf("  ===   browse all stock:   ===\n\n");
    printf("%10s%6s%10s%10s\t%10s%6s%10s%10s\n","Name","Stock","Cost",
            "Price","Name"," Stock ","Cost","Price");
    printf("-----------------------------------------------
                ----------------\n");
    c=0;
    all=0;
    for(i=0;i<100;i++)
    {
        if(TotalObj[i].ObjName[0]!='\0')
        {   printf("%10s%6d%10.2f",TotalObj[i].ObjName,
                    TotalObj[i].Stock,TotalObj[i].TotalCost);
            if(TotalObj[i].Stock!=0)
                printf("%10.2f",TotalObj[i].TotalCost/TotalObj[i].Stock);
            else
                printf("%10s","---");
            all+=TotalObj[i].TotalCost;
            if(c++%2==0)    printf("\t");
            else    printf("\n");
        }
    }
    printf("\n-----------------------------------------------
                ---------------------------\n");
    printf("Total object(s)=%d\t Total cost=%f\n",c,all);
}
void  ShowMenu()
{
    printf("\n");
    printf("**************************************************\n");
    printf(" *                                              *\n");
    printf(" *       EASY PURCHASE/SALE/STOCK SYSTEM        *\n");
    printf(" *                                              *\n");
    printf("**************************************************\n");
    printf("\n");
    printf("Select (P)urchase/(S)ale/(B)rowse or (Q)uit"" to continue:\n");
}
void  main()
{
    while(1)
    {
        ShowMenu();
```

```
    flushall();                              /* 清除输入缓冲区 */
    switch(getchar())
    {
        case    'P':
            Purchase();
            break;
        case    'S':
            Sales();
            break;
        case    'B':
            Browse();
            break;
        case    'Q':
            printf("Thanks use\n");
            exit(0);
        default:
            printf("Un recognise cmd.\n");
    }
    }
}
```

在 VC++ 环境下输入以上程序, 编译正确后单击 ▣ (Go) 按钮执行程序。在命令提示符界面下输入几组数据, 如图 9-1 所示, 然后在等待输入状态下按 Alt＋Tab 组合键切换到 VC++ 环境。

图 9-1　输入部分数据

切换回 VC++ 环境可以发现 VC++ 正处于执行状态, 因为未处于调试中断情况下, 可以发现单步执行的功能按钮都是灰色的, 无法使用, 如图 9-2 所示。

在程序运行状态下单击 ▣ 按钮可以暂停程序的运行, 切换回 VC++, 进入调试模式, 如图 9-3 所示。

由于现在处于系统库函数内部(系统等待用户输入的时候中断), 这些代码无法进行调试, 因此需要切换到用户代码行。在 Variables 调试窗口中(图 9-3 圆圈处)单击下拉按钮, 选择 Purchase 函数, 可以发现绿色箭头停留在 scanf 函数上, 表示程序正在执行 scanf 函数, 如图 9-4 所示。

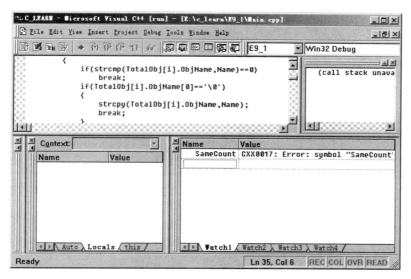

图 9-2　切换回 VC++ 环境发现 VC++ 当前处于正在执行状态

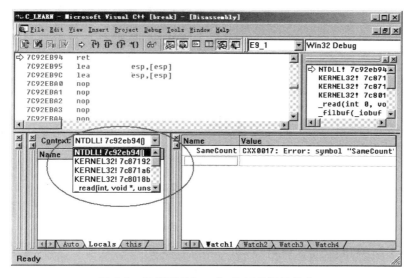

图 9-3　切换回 VC++ 中,处于反汇编状态

图 9-4　scanf 函数会发生多次系统级调用

在观察窗中输入 TotalObj,观察结构体数组的数据成员,如图 9-5 和图 9-6 所示。

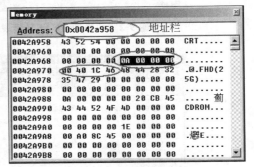

图 9-5　单击十号可以打开结构体成员

图 9-6　可以看到每个结构体元素的值

大家可以注意到,TotalObj 的地址和 TotalObj[0] 的地址是相同的,可以从调试工具栏上单击▣按钮显示内存窗口。内存窗口在初始化的时候显示的是地址 0x00000000 的内容,大家可以在地址栏中输入 TotalObj 的地址来观察 TotalObj 在内存中的分布,如图 9-7 所示。

图 9-7　内存窗口

内存窗口分为 3 个部分,左边为地址,中间为十六进制表示的值,右边为对应的 ASCII 码值。如 43 52 54 分别对应 CRT 3 个字符的 ASCII 码,在其后可以看到字符串的结束值 0。从 CRT 开始 20 个数据,就进入了 Stock 区域,如图 9-7 中黑色的选中区域。大家可以发现,0A 恰好是 10 个 CRT 的十六进制代码。在 VC++ 下 int 类型整型数据占据 4 个字节,按照从小到大的次序放置,若 Stock 值是十六进制 0x123456,则这个区域将是 56 34 12 00。图 9-7 中下面圆圈圈起来的 4 个字节是 TotalCost 区域,浮点数在 VC++ 中采用了移码表示方法,这里不作为了解内容。后面的 HD(25G) 是下一项数组元素的存储区域。

在调试中断的情况下可以修改变量的值:双击 Watch 窗口中某变量的值,例如 TotalObj[0] 的 Stock 变量的值,可以对其进行修改,如图 9-8 所示。

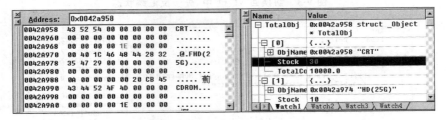

图 9-8　手工修改变量的值

VC++ 会把值发生变化的变量以红色标识出来。例如,在修改 TotalObj[0].Stock 为 30 以后,大家可以发现左边的内存窗口对应的颜色和值发生了变化,同时右边 Watch

窗口中的值的颜色也发生了变化，提醒用户注意。当然，也可以在左边内存窗口中修改变量的值，如图 9-9 所示。

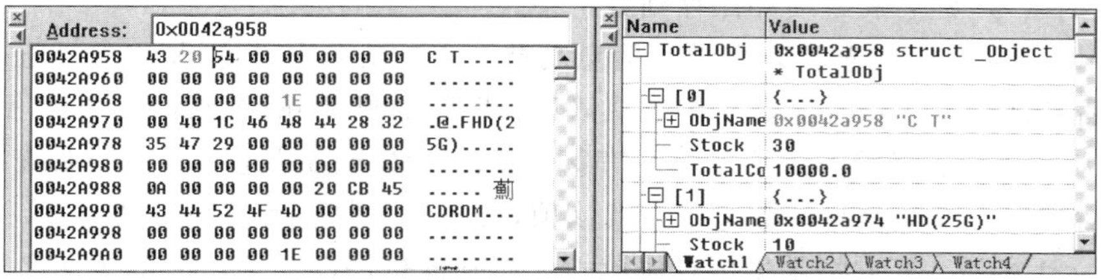

图 9-9 将 0042A959 的值修改为 20

图 9-9 所示为将 0x0042A959 的值修改为 20(空格符的 ASCII 码)以后的截图。

单击按钮继续运行程序，退出 Purchase 子函数，输入 B 观察输出数据，可以发现数据确实发生了变化，如图 9-10 所示。

```
Select (P)urchase/(S)ale/(B)rowse or (Q)uit to continue:
B
   ===    browse all stock:   ===

      Name   Left       Cost       Price            Name   Left       Cost       Price
--------------------------------------------------------------------------------------
       C T     30   10000.00     333.33         HD(25G)     10    6500.00      650.00
     CDROM     30    4500.00     150.00
--------------------------------------------------------------------------------------
Total object(s)=3          Total cost=21000.000000

*********************************************
*                                           *
*       EASY PURCHASE/SALE/STOCK SYSTEM     *
*                                           *
*********************************************

Select (P)urchase/(S)ale/(B)rowse or (Q)uit to continue:
```

图 9-10 运行结果

9.3 案例拓展

结构体是一种构造类型数据，可以将一组类型不同的数据组合在一起统一管理。对于学生成绩管理程序，每个学生的信息除了成绩外，还可以包含学号、姓名等不同类型的数据。因此，可构造结构体来表示每个学生的信息，结构体的数据包括学号、姓名、成绩。结构体定义如下：

```
typedef struct {
    int num;                        /* 学号 */
    char name[20];                  /* 姓名 */
    float score;                    /* 成绩 */
}STU;
```

应用了结构体表示学生信息后，系统中各函数的功能可拓展如下。

(1) main 函数：定义一个结构体数组 student 来存储学生信息，然后通过调用以下几个函数来实现相应的功能。

（2）input 函数：完成学生信息的输入功能。具体方法是先输入学生的实际人数，再输入学生的学号、姓名和成绩并保存到数组中。

（3）del 函数：完成删除某个学生信息功能。具体方法是先输入一个要删除的学生学号，然后在保存学生信息的数组中查找该项，若找到，则删除；否则，显示找不到。

（4）find 函数：完成查找某个学生信息功能。具体方法是先输入一个要查找的学生学号，然后在保存学生信息的数组中查找该项，若找到，则显示该项；否则，显示找不到。

（5）sort 函数：完成将学生信息按成绩从高到低排序的功能。具体方法是采用冒泡排序方法对数组中的值按从大到小排序。

（6）display 函数：完成显示学生信息功能。

在理解以下程序功能的基础上，还可以拓展程序的功能，如计算学生成绩的平均分、找出最低分和最高分、按成绩段统计人数和百分比等功能，使系统的功能更加完善。

```c
#include "stdio.h"
#include "stdlib.h"
#include "conio.h"
#define   SIZE  80
typedef struct {
    int num;
    char name[20];
    float score;
}STU;                              /*定义表示学生信息的结构体类型*/
void input(STU * a,int * n)
{
    STU * p;
    int i=1;
    system("cls");                 /*清屏*/
    printf("\n请输入学生人数(1-80):");
    scanf("%d",n);
    printf("\n请输入学生信息:");
    for(p=a;p<a+ * n;p++)
    {   printf("\n%d:",i++);
        scanf("%d%s%f",&p->num,p->name,&p->score);
    }
    printf("按回车键返回:");
    getch();
}

void del(STU * a,int * n)
{
    int   i,j,k=0;
    STU * p;
    int   num;
```

```c
        system("cls");                              /* 清屏 */
        printf("\n 请输入要删除的学号:");
        scanf("%d",&num);
        for(i=0,p=a;p<a+ * n;i++)
            if(num==(p+i)->num)                     /* 按学号查找 */
            {   k=1;
                for(j=i;j< * n-1;j++)                /* 删除学生信息 */
                    * (p+j)= * (p+j+1);
                (* n)--;
                break;
            }
        if(!k)
            printf("找不到要删除的成绩!\n");
        printf("按回车键返回:");
        getch();
}


void find(STU * a,int n)
{
    int   k=0;
    int num;
    STU * p;
    system("cls");                              /* 清屏 */
    printf("\n 请输入要查询的学号");
    scanf("%d",&num);
    for(p=a;p<a+n;p++)
        if(num==p->num)                         /* 按学号查找 */
        {   k=1;
            printf(" 已找到,是:%d\t%s\t%.1f\n",p->num,p->name,p->score);
            break;
        }
    if(!k)
        printf("找不到!\n");
    printf("按回车键返回:");
    getch();
}


void sort(STU * a,int n)
{   int i,j;
    STU t;
    for(i=0;i<n-1;i++)                          /* 采用冒泡法按学生成绩排序 */
        for(j=0;j<n-i-1;j++)
            if((a[j].score)<(a[j+1].score))
```

```
              { t=a[j];a[j]=a[j+1];a[j+1]=t;}
        printf("\n 输出排序结果:\n");
        for(i=0;i<n;i++)
            printf("%d\t%s\t%.1f\n",a[i].num,a[i].name,a[i].score);
        printf("\n");
        printf("按回车键返回:");
        getch();
}
void display(STU * a,int n)
{
        STU * p;
        for(p=a;p<a+n;p++)
            printf("%d\t%s\t%.1f\n",p->num,p->name,p->score);
        printf("\n");
        printf("按回车键返回:");
        getch();
}
void menu()
{
        system("cls");                                      /* 清屏 */
        printf("\n\n\n\t\t\t    欢迎使用学生成绩管理系统 \n\n\n");
        printf("\t\t\t*********************************\n");
        printf("\t\t\t *            主菜单            * \n");    /* 主菜单 */
        printf("\t\t\t*********************************\n\n\n");
        printf("\t\t         1  成绩输入       2  成绩删除 \n\n");
        printf("\t\t         3  成绩查询       4  成绩排序 \n\n");
        printf("\t\t         5  显示成绩       6  退出系统 \n\n");
        printf("\t\t         请选择 [1/2/3/4/5/6]: ");
}
void main()
{
        int j,num;
        STU student[SIZE];
        while(1)
        {   menu();
            scanf("%d",&j);
            switch(j)
            {
                case  1:   input(student,&num); break;
                case  2:   del(student,&num); break;
                case  3:   find(student,num); break;
                case  4:   sort(student,num); break;
                case  5:   display(student,num); break;
```

```
            case  6:  exit(0);
        }
    }
}
```

实训 20　结构体的定义与引用

1. 实训目的

（1）掌握结构体类型的定义；
（2）掌握结构体变量、数组和指针的定义与引用；
（3）掌握结构体的应用。

2. 实训内容

（1）完善程序：有 10 个学生，每个学生的数据包括学号、姓名和两门课的成绩。从键盘输入 10 个学生的数据，计算所有学生的总成绩以及找出所有学生中两门课总分最高的学生的数据。

程序代码如下，但不完整，请补充完整：

```
struct student
{
    char num[6];
    char name[10];
    int  score[2];
    int  sum;
}stu[10];
void fun(int * sum,int * maxi)
{   int i,j,max;
    max=0;
    * maxi=0;
    * sum=0;
    for(i=0;i<10;i++)
    {
        for(j=0;j<2;j++)
            stu[i].sum+=_____①_____;
        * sum+=stu[i].sum;
        if(stu[i].sum>max)
        {
            max=stu[i].sum;
            _____②_____;
        }
    }
```

```
}
void  main()
{
    int i,j,maxi,sum;
    for(i=0;i<10;i++)
    {
        printf("学号:"); scanf("%s",  ___③___ );
        printf("姓名:"); scanf("%s",  ___④___ );
        printf("成绩:"); scanf("%d%d",&stu[i].score[0],&stu[i].score[1]);
    }
    fun(&sum,&maxi);
    printf("总成绩:%d",sum);
    printf("最高分:%s\t%s\t%d\t%d\t%d\n",stu[maxi].num,stu[maxi].name,
        stu[maxi].score[0],stu[maxi].score[1],stu[maxi].sum);
}
```

预习要求：读懂程序，将不完整部分补充完整。填写如表 9-1 所示的测试用表，设计一组测试用例并给出标准运行结果。

上机要求：记录编译调试过程中发生的错误，使用测试数据测试程序并记录运行结果。

提示：

① 理解各变量的作用；

② 理清程序中的各段循环结构，在理解各段循环结构功能的基础上完善程序。

表 9-1　题（1）的测试用表

序　号	测试输入	标准运行结果	实际运行结果

（2）程序改错：以下程序计算并输出两个复数的差。

该程序中有错误，请改正。

```
struct  comp
{
    float re, im;
};
struct comp * fun (struct comp x,y)
{
    struct comp * z;
    z=(struct comp * )malloc(sizeof(struct comp));
    z->re=x->re-y->re;
    z->im=x->rm-y->im;
    return z;
}
void main()
```

```
{
    struct comp z, * t=&z,a,b;
    a.re=1; a.im=2;
    b.re=3; b.im=4;
    t=fun(a,b);
    printf("z.re=%f, z.im=%f\n",t->re,t->im);
}
```

预习要求：读懂程序，改正程序中的错误。

上机要求：记录编译调试过程中发生的错误，并记录运行结果。

提示：

① 理解各函数的功能和主要变量的作用；

② 理清函数中各段循环结构和选择结构；

③ 在理解函数中各段程序结构功能的基础上改正程序中的错误。

（3）定义一个表示日期的结构体（包括年、月、日），然后定义一个居民的结构体（包括姓名、出生年月、性别、迁入本城的日期）。例如：

```
Zhang Ming       1970.10.21    M    1988.9.12
Li Qiang         1974.12.20    M    1993.9.1
Ma Juanjuan      1921.1.1      F    1949.10.1
Zhao Qingqing    1980.2.21     F    1998.9.1
```

编写程序，输入这批居民的实际人数（不超过 1000）和居民的信息，并保存到结构体数组中，找出年纪最长者和最幼者的信息，以及对居民信息按出生年月由低到高的顺序排序输出。

预习要求：用模块化方法将程序功能划分为几个函数，画出各函数的流程图并编写出程序。填写如表 9-2 所示的测试用表，设计一组包含 5 人次的测试用例并给出标准运行结果。

上机要求：记录编译调试过程中发生的错误，使用测试用例测试程序并记录运行结果。

提示：

① 定义一个结构体数组来保存以上信息；

② 先输入居民基本信息，然后用打擂法找出年纪最长者和最幼者的信息，用排序算法使居民信息按出生年月由低到高的顺序排序输出。

表 9-2 题（3）的测试用表

序　号	测试输入	标准运行结果	实际运行结果

3. 常见问题

定义和应用结构体时常见的问题如表 9-3 所示。

表 9-3　结构体常见问题

常见错误实例	常见错误描述	错误类型
struct stu { int num; 　char name[10]; }	定义结构体时忘记在最后加分号了	语法错误
struct stu { int num; 　char name[10]; }x,y; if(x==y)…	不能对两个结构体变量进行比较操作	语法错误
struct stu { int num; 　char name[10]; }x,y; if(x->num==y->num)…	结构体变量不能使用指向运算符-> 访问其成员	语法错误
struct stu { int num; 　char name[10]; }x, * p; p->num=1009;	结构体指针必须要先赋值,然后才能使用	运行错误
struct stu { int num; 　char name[10]; }x, * p=&x; p.num=1009;	结构体指针不能使用成员选择运算符访问其指向的结构体变量的成员	语法错误

4. 分析讨论

参考问题：

(1) 如何定义和引用结构体变量、数组和指针？

(2) 结构体指针作为函数参数时采用何种参数传递方式？

(3) 结构体变量所需内存单元的大小是如何计算的？

实训 21　结构体的综合应用

1. 实训目的

(1) 熟悉结构体作为函数参数；

(2) 掌握模块化程序设计方法；

(3) 体会应用结构体数组实现数据管理的优越性。

2. 实训内容

应用结构体数组设计与实现一个小型选秀比赛管理系统。

在电视综艺节目中,经常有各种形式的选秀比赛,如央视的"星光大道"、东方卫视的"达人秀"、湖南卫视的"快乐女生"等节目。现假设在某选秀比赛的半决赛现场,有一批选手参加比赛,比赛的规则是,由现场 8 个评委给每个选手采用 10 分制分别打分,然后去掉一个最高分和最低分,将剩下的分数累加起来作为选手的最后得分,选手得分越高,名次越高。当比赛结束时,要当场按选手得分由高到低宣布每个选手的得分和名次,获得相同分数的选手具有相同的名次。

请设计并编写一个 C 程序,以帮助大奖赛组委会完成半决赛的评分排名工作。程序要求具有以下基本功能。

(1) 比赛前:输入参赛选手的基本信息,例如姓名、编号等。

(2) 比赛中:

① 对每个选手比赛后,输入 8 个评委的评分,计分采用 10 分制方法;

② 统计每个选手的最终得分。

评分方法:去掉一个最高分和最低分,然后对其余分求和,即为该选手的最终得分。

(3) 比赛后:按选手得分由高到低输出结果,若分数相同,则名次并列。例如:

排名	编号	姓名	得分
1	05	王菲	58
2	07	李娜	54
2	09	李萌	54
4	02	王东风	50

......

编程要求:采用模块化设计方法,选手信息和评委信息要求采用结构体数组保存,程序运行后先显示如下菜单,并提示用户输入选项。

```
评    分    系    统
1        输入选手信息
2        输入评委打分
3        统计得分
4        显示结果
5        退出系统
请选择:
```

然后根据用户输入的选项执行相应的操作。

预习要求:画出流程图并编写出程序。填写如表 9-4 所示的测试用表,设计一组测试用例并给出标准运行结果。

上机要求:记录编译调试过程中发生的错误,使用测试用例测试程序并记录运行结果。

提示：

① 菜单设计和程序架构可参照拓展案例部分；

② 将参赛选手信息和评委基本信息用两个不同的结构体数组存放；

③ 设计思路和方法可参考第 7 章数组的综合应用实训。

表 9-4   测试用表

序　　号	测试输入	标准运行结果	实际运行结果

练　习　9

（1）设有 3 个人的姓名和年龄保存在结构体数组中，以下程序的功能是输出年龄居中者的姓名和年龄，请完善程序。

```c
#include <stdio.h>
struct  man
{   char  name[20];
    int   age;
}person[]={"li", 8,"wang",19,"zhang",20};
void main()
{   int i,j,max,min;
    max=min=person[0].age;
    for(i=1;i<3;i++)
        if(person[i].age>max)_____①_____;
        else   if(person[i].age<min)_____②_____;
    for(i=0;i<3;i++)
        if(person[i].age!=max _____③_____ person[i].age!=min)
        {   printf("%s  %d\n", person[i].name, person[i].age);
            break;
        }
}
```

（2）下面程序的功能是从键盘输入 5 个人的年龄、性别和姓名，然后输出，请完善程序。

```c
#include "stdio.h"
struct man
{   char name[20];
    unsigned age;
    char sex[7];
};
void data_in(struct man * , int);
```

```
void data_out( struct man * ,int);
void main()
{
    struct man person[5];
    data_in(person,5);
    data_out(person,5);
}
void data_in(struct man * p, int n)
{   struct man * q=_____①_____ ;
    for(;p<q;p++)
    {   printf("age:sex:name" );
        scanf("%u%s", &p->age,p->sex);
        _____②_____ ;
    }
}
void data_out( struct man * p,int n)
{   struct man * q=_____③_____ ;
    for(;p<q;p++)
        printf("%s\t%u\t%s\n",p->name,p->age,p->sex);
}
```

(3) 下面的程序将规定的明码转换为暗码,其他字符不变。码表为:

明码	暗码
a	d
b	z
z	a
d	b

例如,明码为 abort,zap123,则暗码为 dzort,adp123,请完善程序。

```
#include <stdio.h>
void encode(char * , char * );
void main( )
{   char   s[80],t[80];
    scanf("%s",s);
    encode(s,t);
    printf(" output: %s",t);
}
void encode(char * s, char * t)
{   typedef   struct
    {
        char   real,code;
    }ENCODE_TAB;
    ENCODE_TAB tab[]={ 'a','d', 'b', 'z', 'z', 'a', 'd', 'b', '\0', '\0'};
    ENCODE_TAB * p;
```

```
char    ch;
while(____①____)
{    for(____②____;ch!=p->real&& ____③____;p++);
     if(ch!=p->real) * t++=ch;
     else ____④____ ;
}
     ____⑤____ ;
}
```

（4）编写程序，输入时间，在屏幕上显示一秒后的时间，显示格式为 HH:MM:SS。该程序需要处理以下 3 种特殊情况：

① 若秒数加 1 后为 60，则秒数恢复到 0，分钟数增加 1；

② 若分钟数加 1 后为 60，则分钟数恢复到 0，小时数增加 1；

③ 若小时数加 1 后为 24，则小时数恢复到 0。

（5）编写程序，由键盘输入两个复数，实现复数的加法、减法、乘法等功能。

（6）某系对某年级学生开出考试课程 10 门、考查课程 12 门，共计 22 门课程。每门课程的学时是 32、48、64、80 4 种，分别对应 2、3、4、5 个学分，如表 9-5 和表 9-6 所示。考试课程的成绩是百分制成绩，考查课程的成绩是 A、B、C、D、E 的 5 级计分制。选修该门课程并且成绩在 60 分以上或者获得 A、B、C、D 成绩的同学可以拿到学分，在一学期内拿到 22 个学分的同学可以参加综合测评。编写程序，输入该系某班 30 位同学的各门功课成绩，并依次对各门功课的选修同学的成绩做成绩排序（该排序仅列出有资格参加综合测评的同学）。

表 9-5　考试课程

课　　程	学　　时	课　　程	学　　时	课　　程	学　　时
口语	80	英文写作	64	工程数学	32
数据库理论	48	控制理论	48	模拟电子	48
数字电路	48	电路分析	48	数据结构	64
操作系统	48				

表 9-6　考查课程

课　　程	学　　时	课　　程	学　　时	课　　程	学　　时
C++	48	网页制作	32	Flash 制作	32
软件工程	32	编译原理	48	人工智能	32
网络原理	64	UNIX 解析	48	信号处理	48
英文阅读	32	外国文化	48	社交礼节	32

第10章

动态数组与链表

10.1 知识点梳理

1. 动态内存分配

动态内存分配是指程序执行时对内存的操作。有时在编程阶段无法确定数组的大小,只有在程序执行的过程中才能确定需要多少内存来存储数据,系统为此提供了一组内存操作函数,允许程序在执行时申请内存或释放。

内存分配函数:malloc 函数用来分配一个指定大小的内存,calloc 用来分配多个大小相同的单元的内存,realloc 用来修改由 malloc 或 calloc 分配内存的大小。内存分配函数的返回值都是内存地址,在使用前需要强制转换为所需要的指针类型。内存分配的申请并不是必然成功的,严谨的程序设计应检查内存分配函数的返回值。

内存释放函数:free 函数用来释放由内存分配函数申请的内存。

注意:内存分配函数和内存释放函数必须成对使用。

内存泄露:程序在执行过程中动态申请了内存,但是没有释放,这样该部分内存始终处于被占用状态。若该有问题的程序反复执行,计算机内存资源会慢慢消耗光,从而产生严重问题。内存泄露是程序员应力求避免的严重错误。

2. 链表的相关概念

链表:链表是一种动态数据结构。链表由多个结点(链结)组成,结点之间通过指针相互连接。

结点:链表的结点(链结)是一种结构体,本身包含了每个结点的数据(数据域)和指向下一个结点的指针(指针域)。

头结点、尾结点:链表的第一个结点为头结点,最后一个结点为尾结点。显然,当链表中只有一个结点时,头结点等于尾结点。尾结点的指针域为空(NULL)。

头指针、尾指针:指向头结点的指针是头指针,指向尾结点的指针是尾指针。显然,当链表中只有一个结点时,头指针指向的地址等于尾指针指向的地址。

空链表:链表中一个结点都没有时称为空链表。显然,空链表没有头结点和尾结点,且其头指针和尾指针均为空(NULL)。

3. 动态链表的基本操作

动态链表的创建：链表初始化时应为空链表，创建时，应通过内存分配函数动态分配每个结点的内存地址，然后维护链表中每个结点的指向关系。

动态链表的遍历：链表的遍历是指按照链表结点指针的指向，依次访问每个结点上的数据。常见的单向链表中结点的指向是单向的，因此从链表上游开始可以遍历到链表下游数据，而由链表下游数据无法访问到链表上游数据。遍历可以使用循环或递归进行。

动态链表的释放：当动态链表不再使用时，应逐个结点释放，以避免产生内存泄露。

链表关系的维护：对动态链表每个结点中的数据进行插入、排序和删除等操作时，往往不需要修改链表结点的内容，而只需要调整链表结点的位置。

10.2 编 程 技 能

1. 应用动态内存分配

【例 10-1】 建立动态的学生档案信息，一条学生记录包括学号（long）、姓名（char[10]）、成绩（score）和出生城市（char[16]），可以根据这些信息构造一个结构体：

```
struct Stu
{
    long  ID;
    char  Name[10];
    int   Score;
    char  City[16];
};
```

如果在程序设计时无法确定数组大小，可以在程序执行时通过动态内存分配来获取有效空间。例如，以下程序通过动态内存分配建立动态的学生档案信息：

```
#include "student.h"
void main()
{
    int i,n;
    struct Stu * ps, * p;
    printf("输入同学总人数");
    scanf("%d",&n);
    ps= (struct Stu * )calloc(n,sizeof(struct Stu));
    for(i=0;i<n;i++)
        scanf("%ld%s%d%s",&((ps+i)->ID),(ps+i)->Name,
                &((ps+i)->Score),(ps+i)->City);
    p=ps;
    for(i=1;i<n;i++)
```

```
    if(  (ps+i)->Score >  p->Score)
         p=ps+i;
   printf("%s",p->City);
   free(ps);
}
```

创建 Ex10_1 工程,输入以上程序。注意,该程序需要创建一个包含 student 结构体定义的 student.h 文件。在程序中的第 8 行 calloc 语句处按 F9 键设置一个断点,然后按 F5 键开始调试,在程序要求输入学生数时输入 5,表示仅用 5 名学生的数据进行测试。

当程序暂停时,在 Watch 窗口中增加 ps 指针,观察 ps 指针的变化。可以发现,ps 指针的值为 0xcccccccc,表示该指针未经初始化。在按 F10 键后,系统分配内存地址给 ps 指针,如图 10-1 所示。

```
#include <stdio.h>
#include <stdlib.h>
#include "student.h"
void main()
{
    int n,i;
    struct Stu* ps,*p;
    printf("输入同学总人数");
    scanf("%d",&n);
    ps=(struct Stu*)calloc(n,sizeof(struct Stu));
    for(i=0;i<n;i++)
        scanf("%ld%s%d%s",&((ps+i)->ID),(ps+i)->Name
              &((ps+i)->Score),(ps+i)->City);
    p=ps;
    for(i=1;i<n;i++)
        if(  (ps+i)->Score >  p->Score)
             p=ps+i;
    printf("%s",p->City);
    free(ps);
}
```

Watch	
Name	Value
⊞ ps	0x004216d0

Watch1　Watch2　Watch3　Watch4

图 10-1　内存分配

新分配的地址是 0x004216d0,按 Alt+F6 组合键可以打开内存窗口,在地址栏中输入 ps 的值可以看到当前的内存情况,如图 10-2 所示。

```
Memory                                                        ×
Address: 0x004216d0
004216D0  00 00 00 00 00 00 00 00 00 00 00 00 00 00 00 00   ................
004216E0  00 00 00 00 00 00 00 00 00 00 00 00 00 00 00 00   ................
004216F0  00 00 00 00 00 00 00 00 00 00 00 00 00 00 00 00   ................
00421700  00 00 00 00 00 00 00 00 00 00 00 00 00 00 00 00   ................
00421710  00 00 00 00 00 00 00 00 00 00 00 00 00 00 00 00   ................
00421720  00 00 00 00 00 00 00 00 00 00 00 00 00 00 00 00   ................
00421730  00 00 00 00 00 00 00 00 00 00 00 00 00 00 00 00   ................
00421740  00 00 00 00 00 00 00 00 00 00 00 00 00 00 00 00   ................
00421750  00 00 00 00 00 00 00 00 00 00 00 00 00 00 00 00   ................
```

图 10-2　赋值前的内存情况

在程序中的 p=ps 行上右击,选择 Run to cursor 命令让程序执行到该行停下。在程序提示输入学生相关数据时,输入学生信息如图 10-3 所示。

当程序暂停时,可以发现 ps 分配到的内存如图 10-4 所示,其中存放了学生数据。

当输入较大的学生数 n 时,计算机会为程序分配较大的内存。例如输入 10 000 000,在分配内存前,打开任务管理器,可以发现内存使用量为 400KB,而按 F10 键执行内存分配后,计算机

输入同学总人数5
1001 张三 338 南京
1002 李四 345 苏州
1003 王五 329 无锡
1004 赵六 355 盐城
1005 钱七 341 南京

图 10-3　输入学生信息

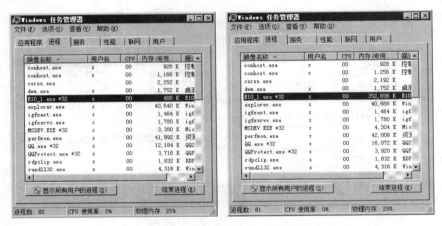

图 10-4　学生数据在内存中的表示

会有一点停顿,表示正在为程序分配内存,之后,可以发现 E10_1 程序内存占用量提升到 300MB,消耗了很大内存,如图 10-5 所示。

图 10-5　执行 calloc 前后程序实际消耗内存对比

在反复调试程序时,每次输入学生的相关信息较为烦琐,也容易输入错误。用户可以在程序中采用数组初始化方式先给数组赋值,等程序调试正确后,再修改为 scanf 输入模式。

2. 链表的相关操作与调试

1) 结点类型定义及头结点变量定义

例 10-1 程序设计也可采用链表这种动态数据结构。由于链表具有动态性,必须使用动态内存分配函数 malloc 或 calloc 为之分配内存。这些函数的返回值都是指针,如果分配成功,这些指针指向一个函数堆中的有效的可供使用的地址,但必须保存这些指针。通常,通过一个特殊的头结点(head)保存第一个指针,对于其他指针可以通过链结点的执针域来保存。所以在定义类型后首先应该定义头结点,头结点可以用多种形式表示,如全局变量、局部变量、指针等形式,此处采用全局变量表示。

```
#define  STU  struct Stu
STU{
    long ID;
```

```
     char Name[10];
     int   Score;
     char City[16];
     STU * next;
}head;
void main()
{
     ...
     head.next=NULL;                    / * head 的信息域通常不使用 * /
     ...
}
```

2）向链表中增加结点

增加一个结点有多种途径，可以在链表的末尾，也可以在链表的头部，还可以在链表的中间。如果结点插入位置是在链表尾，可以按照这样的算法进行：首先找到链表的尾结点，使链表的尾结点的连接域指向新结点，然后让新结点的连接域指向 NULL（表示链表终止）。注意，此时新结点已经变成了尾结点，如图 10-6 所示。

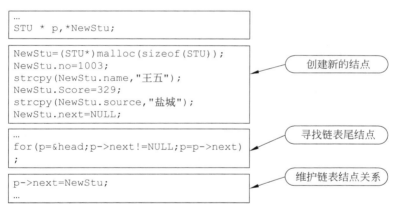

图 10-6　在链表尾插入结点

如果需要连续地在链表尾部插入新结点，则每次寻找尾结点的工作非常浪费 CPU 资源，所以为了提高程序执行的效率，可以在建立链表时就保存尾指针，如图 10-7 所示。

如果要在链表头处插入，则操作要简单些，因为只需要维护头结点指针即可，如图 10-8 所示。

3）链表的遍历

有时需要对链表中所有的元素进行操作，例如查询、求和等操作，这类操作称为遍历。如果按从表头到表尾的顺序遍历，称为顺序遍历，反之，从表尾到表头的遍历称为逆序遍历。常见的遍历算法使用循环遍历。例如找到所有姓张的同学，如图 10-9 所示。

链表的遍历也可以使用递归方法。例如要求按链表的逆序输出，使用循环难以做到，此时可以使用递归方法，如图 10-10 所示。

```
STU * pTail=&head;  /*起初链表为空*/
STU *NewStu;
for(i=0;i<10;i++)/*假定生成10个新结点*/
{

        NewStu=(STU*)malloc(sizeof(STU));
        printf("学号:");scanf("%d",&(NewStu->ID));
        printf("姓名:");scanf("%s",(NewStu->Name));
        printf("成绩:");scanf("%d",&(NewStu->Score));
        printf("籍贯:");scanf("%s",(NewStu->City));
        NewStu->next=NULL;

        pTail->next=NewStu;

        pTail=NewStu;

    }
...
```

创建新的结点

添加到尾指针后面

尾指针被更新了

图 10-7　连续在表尾插入结点

```
STU * NewStu;
for(i=0;i<10;i++)
{

        NewStu=(STU*)malloc(sizeof(STU));
        printf("学号:");scanf("%d",&(NewStu->no));
        printf("姓名:");scanf("%s",(NewStu->name));
        printf("性别:");scanf("%c\n",&(NewStu->sex));
        printf("籍贯:");scanf("%s",(NewStu->source));

        NewStu->next=head.next;

        head.next=NewStu;
}
```

创建新的结点

维护链表关系

更新头结点

图 10-8　连续在表头插入结点

```
STU * p;
for(p=head.next;p!=NULL;p=p->next)
{

    if(strncmp(p->Name,"张")==0)
        printf("%d\t%s\t%d\t%s\n",p->ID,p->Name,p->Score,p->City);

}
...
```

典型的遍历循环

图 10-9　使用循环遍历链表

```
void PrintAllNode(STU *p)
{
    if(p==NULL)
        return ;
    PrintAllNode(p->next);
    printf("%d\t%s\t%d\t%s\n",p->ID,p->Name,p->Score,p->City);
}
```

图 10-10　使用递归遍历链表

4）链节的删除与链表的释放

有时需要从链表中拆除一环,即删除一个链节,因为直接删除链节将破坏链表结点的关系,因此在删除结点前要先维护链表关系,如图 10-11 所示。

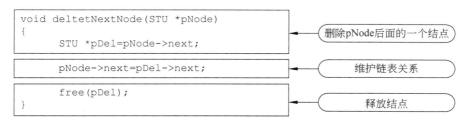

图 10-11　删除指定结点

释放整个链表时,可以从链表头处开始逐个释放,在释放过程中需要保持剩余链节的关系,如图 10-12 所示。

```
…
STU *p;
while(head.next!=NULL)
{
        p=head.next;
        head.next=p->next;
        free(p);
}
…
```

图 10-12　释放整个链表

10.3　案例拓展

链表是一种动态的数据结构,所谓动态,是指程序执行过程中其数据的大小或类型会发生变化。与其相对的是"静态"的数据结构,即在编译时刻就可以确定大小的数据结构。在前面几章设计的学生成绩管理程序中,表示学生信息采用的是数组这种"静态"的数据结构,即在程序编译时就确定了数组的大小。一方面,如果数组定义得太大,会造成内存空间的浪费;另一方面,如果数组定义得太小,可能使学生信息保存不下。解决这个问题的一个好的办法就是采用链表这种动态数据结构来保存学生信息,设计的链表结点结构如下:

```
typedef struct{                    /＊表示学生数据信息＊/
    int   num;
    char   name[20];
    float score;
}DATA;
struct s{                          /＊链表结点结构＊/
    DATA date;                     /＊数据域＊/
    struct s＊next;                /＊指针域＊/
};
```

该程序中的主要函数及功能如下。

(1) input 函数：功能是在输入学生信息的同时创建链表，并将学生信息保存到链表中。

(2) del 函数：功能是先从链表中找的要删除的学生信息，然后从链表中删除该学生对应的结点。

(3) find 函数：功能是从链表中找到某学生信息并显示出来。

(4) sort 函数：功能是使链表中的学生信息按成绩由高到低排序，排序方法采用的是选择法，在交换信息时只交换结点数据域的值，而不改变链接关系。

(5) display 函数：功能是遍历链表并显示所有信息。

采用链表拓展后的程序代码如下：

```c
#include "stdio.h"
#include "stdlib.h"
#include "conio.h"
typedef struct{
    int    num;
    char   name[20];
    float  score;
}DATA;
struct s{                                    /*定义链表结点*/
    DATA date;                               /*数据域*/
    struct s * next;                         /*指针域*/
};
typedef struct s STU;                        /*定义结点类型名为 STU*/
STU * input()                                /*输入学生信息并创建链表*/
{
    STU * p1, * h=NULL, * p2;
    int n,i;
    system("cls");                           /*清屏*/
    printf("\n 请输入学生人数(1-80):");
    scanf("%d",&n);
    printf("\n 请输入学生信息:");
    for(i=1;i<=n;i++)
    {   p1=(STU * )malloc(sizeof(STU));
        printf("\n%d:",i);
        scanf("%d%s%f",&p1->date.num,p1->date.name,&p1->date.score);
        if(i==1) h=p1;
        else p2->next=p1;
        p2=p1;
    }
    p2->next=NULL;
    printf("按回车键返回:");
    getch();
```

```
        return h;
}

STU * del(STU * h)                                      /* 删除学生信息 */
{
int   i,j,k=0;
    STU * p1,* p2;
    int   num;
    system("cls");                                      /* 清屏 */
    if(h==NULL) return h;
    printf("\n 请输入要删除的学号:");
    scanf("%d",&num);
        for(p1=h;p1!=NULL;p1=p1->next)
            if(num==p1->date.num)                       /* 查找 */
                break;
            else
                p2=p1;
        if(p1)
        {   if(p1==h)
                h=p1->next;
            else
                p2->next=p1->next;
            printf("删除成功\n");
              free(p1);
        }
    else
        printf("找不到要删除的成绩!\n");

    printf("按回车键返回:");
    getch();
    return h;
}
void find(STU * h)                                      /* 查找学生信息 */
{
    int   k=0;
    int num;
    STU * p;
    system("cls");                                      /* 清屏 */
    if(h==NULL) return;
    printf("\n 请输入要查询的学号");
    scanf("%d",&num);
    for(p=h;p;p=p->next)
        if(num==p->date.num)                            /* 查找 */
        {   printf("已找到:");
```

```
            printf("%d\t%s\t%.1f\n",p->date.num,p->date.name,p->date.score);
            break;
        }
    if(p==NULL)
        printf("找不到!\n");
    printf("按回车键返回:");
    getch();
}

STU * sort(STU * h)                          /* 按成绩排序 */
{   DATA t;
    STU * p1, * p2;
    for(p1=h;p1->next;p1=p1->next)
        for(p2=p1->next;p2;p2=p2->next)
            if((p1->date.score)<(p2->date.score))
            {   t=p1->date;
                p1->date=p2->date;
                p2->date=t;
            }
    printf("\n输出排序结果:\n");
    for(p1=h;p1;p1=p1->next)
        printf("%d\t%s\t%.1f\n",
                p1->date.num,p1->date.name,p1->date.score);
    printf("\n");
    printf("按回车键返回:");
    getch();
    return h;
}
void display(STU * h)                          /* 显示所有信息 */
{
    STU * p;
    for(p=h;p;p=p->next)
        printf("%d\t%s\t%.1f\n",p->date.num,p->date.name,p->date.score);
    printf("\n");
    printf("按回车键返回:");
    getch();
}
void menu()
{
    system("cls");                                      /* 清屏 */
    printf("\n\n\n\t\t\t      欢迎使用学生成绩管理系统\n\n\n");
    printf("\t\t\t\t********************************\n");
    printf("\t\t\t *                主菜单              * \n");        /* 主菜单 */
```

```
        printf("\t\t\t*********************************\n\n\n");
        printf("\t\t        1  成绩输入        2  成绩删除\n\n");
        printf("\t\t        3  成绩查询        4  成绩排序\n\n");
        printf("\t\t        5  显示成绩        6  退出系统\n\n");
        printf("\t\t        请选择[1/2/3/4/5/6]: ");
}
void main()
{
    int j;
    STU * h;
    while(1)
    {   menu();
        scanf("%d",&j);
        switch(j)
        {
            case  1:   h=input(); break;
            case  2:   h=del(h); break;
            case  3:   find(h); break;
            case  4:   h=sort(h); break;
            case  5:   display(h); break;
            case  6:   exit(0);
        }
    }
}
```

实训 22   动态数组的应用及链表的创建与输出操作

1. 实训目的

(1) 掌握动态内存分配的操作与调试;
(2) 掌握链表的创建和输出操作。

2. 实训内容

(1) 完善程序: 以下程序的功能是输入整型数 m 和 n。程序根据用户输入的 n 值动态分配一个 $n×n$ 的二维数组,将 $1\sim m$ 这 m 个数随机分配到 $n×n$ 空间里,并输出整个数组,在使用完毕后释放。对于过大的 n 值,有可能内存分配失败,程序对此进行了检查。

该程序代码如下,但不完整,请补充完整:

```
# include <stdio.h>
# include <stdlib.h>
# include <malloc.h>
```

```
#include <time.h>
void main()
{
    int n,m,i,j,c;
    int  *p;
    while(1)
    {
        printf("输入 n 和 m 的值,以逗号隔开。例如 4,9");
        scanf("%d,%d",&n,&m);
        if(n*n<m)
        {
            printf("m 值过大,请重新输入\n");
            ____①____ ;
        }
        p=____②____ ;
        if(p!=NULL)
            break;
        printf("内存不足,请重新输入\n");
    }
    for(i=0;i<n*n;i++)
        *(p+i)=0;
    srand(time(0));
    for(i=1;i<=m;i++)
    {
        do{
            c=rand()%(n*n);
        }while(____③____ );
        ____④____ ;
    }
    for(i=0;i<n;i++)
    {
        for(j=0;j<n;j++)
            printf("%4d",____⑤____ );
        printf("\n");
    }
    free(p);
}
```

预习要求:阅读程序,理解思路,复习两个随机函数的使用方法,并填写如表 10-1 所示的测试用表。

上机要求:记录编译调试过程中发生的错误,使用不同的 m 和 n 值测试程序运行的结果。

表 10-1　题（1）的测试用表

序号	m 和 n 的值	测试说明	标准运行结果	实际运行结果
1	10,5	正常的 m 和 n 的值	——	
2	0,5	数组中一个随机数都没有	——	
3	99,10	极拥挤数组	——	
4	100,10	满数组	——	
5	101,10	测试数组溢出	应该出现异常	
6	100,1000000	极大数组,测试内存不足	应提示内存分配不足	

（2）完善程序：以下程序的功能是输入文字,利用链表统计其中不同单词出现的个数。程序在执行时,提示用户输入一段文字,用户输入文字后,程序即对这段文字进行处理,然后提示用户继续输入文字,如此反复直到用户输入空行为止。主函数执行这个循环过程,当用户输入文本时调用 $f1$ 函数将文本拆分成单词,$f2$ 函数检索链表中是否已经存在这个单词,若已存在则将计数器加一,否则创建一个新的结点添加到链表末尾,函数 $f3$ 用来释放链表所占用的内存。程序默认每个单词的长度不超过 31 个字符。

该程序代码如下,但不完整,请补充完整:

```c
#include <stdio.h>
#include <stdlib.h>
#include <malloc.h>
#include <string.h>
#include <ctype.h>
struct NODE
{
    char word[32];
    int   count;
    struct NODE * pnext;
};
typedef struct NODE Node;
Node * ph, * pt;
void f2(char * token)
{
    Node * p;
    for(p=ph;p!=NULL;p=p->pnext)
        if(strcmp(p->word,token)==0)
            _____①_____;
    if(p==NULL)
    {
        p=_____②_____;
        if(p==NULL)
        {
```

```
            printf("内存不足,无法创建新的%s 结点",token);
            return;
        }
        strcpy(p->word,token);
        p->pnext=NULL;
        p->count=1;
        if(ph==NULL)
            ____③____;
        else
            ____④____;
    }
    else
        p->count++;
}
void f1(char* txt)
{
    char* p;
    while(* txt)
    {
        /* 将字母前面的符号,如空格逗号等全部忽略 */
        while(____⑤____ && * txt!='\0')
            txt++;
        if(!* txt)
            return;
        p=txt;
        while(____⑥____)                    /* 寻找单词的结尾 */
            p++;
        if(* p!='\0')
            * p++='\0';
        f2(txt);
        txt=p;
    }
}
void f3()
{
    Node* p;
    while(p=ph)
    {
        ph=ph->pnext;
        ____⑦____;
    }
}
void main()
{
```

```
    char txt[256];
    Node * p;
    printf(">");
    gets(txt);
    while(* txt)
    {
        f1(txt);
        printf(">");
        gets(txt);
    }
    printf("统计结果:\n\n");
    printf("%-20s%5s\n","单词","出现次数");
    printf("============================\n");
    for(p=ph;p;p=p->pnext)
        printf("%-20s%5d\n",p->word,p->count);
    f3();
}
```

预习要求：阅读程序，理解思路，填写如表 10-2 所示的测试用表，并给出 4 组测试数据，同时给出标准结果。

上机要求：记录编译调试过程中发生的错误，根据测试用例测试程序并记录运行结果。

表 10-2 题（2）的测试用表

序 号	测试字符串	测试说明	标准运行结果	实际运行结果
1	hello world		两个单词分别累计 1	
2	hello world Hello world	识别大小写能力 测试多行文本	3 个单词，其中 world 统计两次	
3		识别单词之间空格以外的字符分隔		
4		输入行的首字符不为字母		
5		识别单字母单词		
6		无单词的文本	忽略该文本	

（3）编写程序：N 名学生的成绩已在主函数中放入一个带头结点的链表结构中，h 指向链表的头结点。请编写函数 fun，其功能是找出学生的最高分，由函数值返回。

要求：

① 记录调试过程和运算结果；

② 在程序内部添加必要的注释。

```
# include <stdio.h>
# include <stdlib.h>
```

```
#define  N  8
struct  slist
{
    double   s;
    struct slist * next;
};
typedef  struct slist  STREC;
double  fun( STREC * h  )
{


}
STREC * creat ( double * s)
{
    STREC * h, * p, * q;
    int   i=0;
    h=p= (STREC * )malloc(sizeof(STREC));
    p->s=0;
    while(i<N)
    {
        q= (STREC * )malloc(sizeof(STREC));
        q->s=s[i];
        i++;
        p->next=q;
        p=q;
    }
    p->next=0;
    return   h;
}
void outlist ( STREC * h)
{
    STREC * p;
    p=h->next;
    printf("head");
    do
    {
        printf("->%2.0f",p->s);
        p=p->next;
    }  while(p!=0);
    printf("\n\n");
}
void main()
{
    double   s[N]={85,76,69,85,91,72,64,87}, max;
```

```
STREC * h;
h=creat(s);
outlist(h);
max=fun( h );
printf("max=%6.1f\n",max);
freelist(h);
}
```

预习要求：阅读程序,理解程序中各个标识符的含义。

上机要求：记录编译调试过程中发生的错误,运行程序并记录运行结果。

3. 常见问题

动态内存分配和链表简单操作的常见错误如表 10-3 所示。

表 10-3　动态内存分配和链表简单操作的常见错误

常见错误实例	常见错误描述	错误类型
`int * p=malloc(4)`	需要强制类型转换 malloc 函数的返回值为指定类型的指针	程序书写风格不好
`char * p = (char)malloc(sizeof(char) * 4)`	malloc 返回值是指针,不能转换为数值类型	语法错误
	使用 malloc 或者 calloc 后不使用 free 释放占用的内存	运行错误

`int * p;`
`p=(int * )malloc(sizeof(int) * 4);`
`…`
`free(p);`
`…`
`* p=4`
	free 以后的内存不能使用	运行错误

4. 分析讨论

参考问题：

(1) 动态内存分配在何时给变量分配内存？

(2) 总结动态链表的创建过程。

实训 23　链表的其他操作

1. 实训目的

(1) 巩固链表的遍历操作；

(2) 掌握链表的插入、删除和排序操作。

2. 实训内容

（1）完善程序：以下程序的功能是创建一个带头结点的单向链表,然后将单向链表结点(不包括头结点)数据域为偶数的值累加起来。主程序使用头指针存储链表中的第一个结点。

程序代码如下,但不完整,请补充完整:

```
#include <stdio.h>
#include <stdlib.h>
typedef  struct  aa
{
    int   data;
    struct  aa * next;
}NODE;
int  fun(NODE * h)
{
    int   sum=0;
    NODE * p;
    _____①_____ ;
    while(_____②_____)
    {
        if(p->data%2==0)
            sum +=p->data;
        _____③_____ ;
    }
    return  sum;
}
NODE * creatlink(int  n)
{
    NODE * h, * p, * s;
    int  i;
    h=p=(NODE * )malloc(sizeof(NODE));
    for(i=1; i<=n; i++)
    {
        s=(NODE * )malloc(sizeof(NODE));
        s->data=rand()%16;
        s->next=p->next;
        p->next=s;
        p=p->next;
    }
    p->next=NULL;
    return  h;
}
void outputlink(NODE * h)
```

```
    {
        NODE * p;
        p=h->next;
        while(p)
        {
            printf("->%d ",p->data ); p=p->next; }
            printf ("\n");
    }
    void freelink(NODE * h)
    {
        _____④_____ ;
    }
    void main()
    {
        NODE * head;
        int  even;
        head=creatlink(12);
        head->data=9000;
        outputlink(head);
        even=fun(head);
        printf("\nThe  result: %d\n", even);
        freelink(head);
    }
```

预习要求：读懂程序，画出框图，列出程序中所有变量的含义。

上机要求：记录编译调试过程中发生的错误，运行程序并记录运行结果。

（2）程序改错：Creatlink 函数的功能是创建带头结点的单向链表，并为各结点数据域赋 $0\sim(m-1)$ 的值。该程序中有错误，请改正。

```
#include <stdio.h>
#include <conio.h>
#include <stdlib.h>
typedef  struct  aa
{
    int  data;
    struct  aa * next;
} NODE;
NODE * Creatlink(int  n, int  m)
{
    NODE * h=NULL, * p, * s;
    int  i;
    p= (NODE * )malloc(sizeof(NODE));
    h=p;
    p->next=NULL;
```

```
    for(i=1; i<=n; i++)
    {
        s=(NODE * )malloc(sizeof(NODE));
        s->data=rand()%m;
        s->next=p->next;
        p->next=s;
        p=p->next;
    }
    return  p;
}
void outlink(NODE * h)
{
    NODE * p;
    p=h;
    printf("\n\nTHE  LIST :\n\n  HEAD ");
    while(p)
    {
        printf("->%d ",p->data);
        p=p->next;
    }
    printf("\n");
}
void main()
{
    NODE * head;
    system("cls");
    head=Creatlink(8,22);
    outlink(head);
}
```

预习要求：阅读程序，画出框图，列出程序中各个变量的含义，并找出程序中的错误。

上机要求：记录编译调试过程中发生的错误，并记录运行结果。

（3）编写程序：用户输入一段文字后，程序统计其中各个单词出现的频率。一篇文章由多段文字组成，需要用户反复输入文字，直到最后输入空串结束输入，此时可生成一个由不同单词构成的链表。现要求统计文章中各个单词出现的频率，按照从高到低的次序排列（即对链表进行排序），要求以列表形式输出。

预习要求：画出框图并编写程序，列出程序中各个变量的含义。填写如表 10-4 所示的测试用表，给出一组测试数据，同时给出标准结果。

上机要求：记录编译调试过程中发生的错误。

提示：链表的排序，需要从链表中"拆除"下一个链节，由于链表是由前一个链节指向下一个链节，所以要"拆除"某链节 n 必须通过 n 的前一个结点进行。

表 10-4　测试用表

序　　号	测试用例	测试说明	标准运行结果	实际运行结果

3. 常见问题

插入、删除和排序链表时的常见错误如表 10-5 所示。

表 10-5　链表的插入、删除和排序的常见错误

常见错误实例	常见错误描述	错误类型

if (x==p1->data)
　　　　　/ * p1 指向要删除的结点 * /
{ if(p1==head)
　　head=p1->next;
　else
　　p2->next=p1->next;
　n=n-1;　/ * 链表结点个数减 1 * /
}
	删除不用的链结,忘记 free 内存	内存泄露,运行错误

(前面假设 p 是链表尾结点,q 是准备添加到链表尾的新结点) p=p->pn=q;(正确) p->pn=p=q;(错误)	链表的指针操作紊乱	运行错误

4. 分析讨论

参考问题:

(1) 分析两条链表的合并操作。

(2) 若链表中每个链结除了具有指向下一链结的 pnext 指针以外,还有指向前一结点的 pprev 指针,这种链表称为双向链表,试分析双向链表的创建、删除、插入和排序操作。

练　习　10

(1) 设计 fun 函数,输入二阶方阵的大小 n,输出二阶方阵的上三角矩阵,要求函数根据 n 的值动态分配内存以存放数据。fun 函数的原型如下:

```
float * fun(int n);
```

例如输入 $n=6$ 时,其上三角矩阵如图 10-13 所示。

(2) 设计 fun 函数,接收两个矩阵 a 和 b,输出两个矩阵的乘积 $c=a \cdot b$,其中,a 的列数必须等于 b 的行数,计算规则为 $c_{i,j}=\sum a_{i,k} \cdot b_{k,j}$。当 fun 函数执行时,动态申请 c 数组所占用的内存,

1	1	1	1	1	1
0	1	1	1	1	1
0	0	1	1	1	1
0	0	0	1	1	1
0	0	0	0	1	1
0	0	0	0	0	1

图 10-13　上三角矩阵

最后返回 c 首元素地址。其原型为：

```
float * fun(float * a,float * b,int m,int k,int n);
```

其中，a 指向一个 m 行 k 列的数组，b 指向一个 k 行 n 列的数组，最后返回值是 m 行 n 列数组。

（3）编写程序，输入整数 n，计算、保存并输出从 2 开始的前 n 个质数。

（4）在对表达式的计算中，经常需要将字符串形式的多项式解析为多个项的和。例如，多项式 $2X^4 + 3X^3 - 2.4X + 55$ 可以表示为如图 10-14 所示的链表形式。试编写程序，输入一个多项式字符串，将该字符串拆解为链表形式。假定多项式中只有 X 一个变元，其 X 的幂紧接着 X 表示，而且假定多项式仅包含 X 的正整数次幂以及一个常数项。图中的多项式，其字符串输入形式为 $2X4 + 3X3 - 2.4X + 55$。

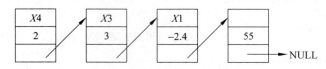

图 10-14　多项式的链表表示形式

（5）在上题基础上，设计编写一个能够合并同类项的程序。若项的系数为 0，则删除该链节。

（6）在某班级的评优活动中，需要对班级同学 3 门功课的成绩总和进行排名，凡是有不及格科目的同学不能参加评优。编写一个程序，输入同学姓名和 3 门功课的成绩，直到输入姓名为空串为止。选出班级总分第一名，列出姓名和所有成绩。

（7）在著名科幻小说家刘慈欣的《三体》中，二维太阳系模型中固化的每个星球均标有名称坐标以及质量。星象学家每观测到一颗新的星球，就将其加入该平面模型中。现一宇宙飞船停留在该太空中，则该飞船在该星空模型中所受力为所有星球对该飞船的万有引力的矢量和。万有引力公式为 $F = G \cdot \dfrac{m_1 m_2}{r^2}$，其中 m_1 为星球质量，m_2 为飞船质量，矢量的方向可由星球坐标和飞船坐标计算得到，请编写程序模拟这个二维太阳系。程序由用户输入行星的名称、坐标和质量，以此建立链表，以空行星名表示结束。用户再输入飞船的坐标和质量，对每个星球计算出受力标量和方向，分解为 X 方向矢量和 Y 方向矢量，最后计算并输出飞船的最终受力矢量和。

第11章

文 件

11.1 知识点梳理

1. 基本概念

文件：指一组相关数据的有序集合。

字节流：输入/输出操作中的字节序列称为字节流。根据对字节内容解释方式的不同，字节流分为字符流（也称文本流）和二进制流。字符流将字节流的每个字节按 ASCII 字符解释，它在数据传输时需要做转换，效率较低。二进制流将字节流的每个字节以二进制方式解释，它在数据传输时不做任何转换，效率高。

缓冲文件系统：指系统在内存区为每一个正在使用的文件开辟一个缓冲区。不论是输入还是输出数据都必须先存放到缓冲区中，然后再输入或输出，如图 11-1 所示。

文件类型指针变量：指向一个打开文件的指针变量，通过该指针变量对当前打开的文件进行操作。定义文件指针变量的一般形式为：

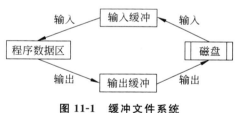

图 11-1 缓冲文件系统

```
FILE * 变量名;
```

文件位置指针：指示文件当前要读/写的位置，以字节为单位，从 0 开始连续编号（0 代表文件的开头）。当打开一个文件后，该文件当前读/写位置与打开该文件时采用的打开方式有关，具体见表 11-1。

表 11-1 文件的打开方式及其含义

方式	具 体 含 义	文件读/写位置
"r"	以只读方式打开一个已存在的文本文件，若该文件不存在，则出错	文件开头
"w"	以只写方式打开一个文本文件，若该文件不存在，则以该文件名创建一个新文件；若已存在，则将该文件内容全部删除	文件开头
"a"	以追加方式打开一个文本文件，仅在文件末尾写数据，若该文件不存在，则出错	文件末尾

方　式	具 体 含 义	文件读/写位置
"+"	以读/写方式打开文件	
"t"	以文本方式打开文件,系统默认的方式,可以省略	
"b"	以二进制方式打开文件	

2. 文件的操作步骤

对文件进行操作的一般过程是：打开文件－＞读/写文件－＞关闭文件。

1) 打开文件

打开文件用 fopen 函数来实现,函数的原型为：

```
FILE * fopen( char * filename,char * mode);
```

功能：以 mode 方式打开由 filename 指定的文件,若打开成功,函数返回一个指向该文件的文件指针,这样对文件的操作就可以通过该文件指针进行;如果失败(磁盘故障、磁盘满以至于无法创建文件;表 11-1 中列出的错误等),则返回 NULL。

2) 读/写文件

常用的对文件进行读/写的函数有四类：

- 字符读/写函数 fgetc 和 fputc

fgetc 函数的原型为：

```
int fgetc(FILE * fp);
```

功能：从 fp 所指向的文件中读入一个字符。

fputc 函数的原型为：

```
int fputc(char ch,FILE * fp);
```

功能：把 ch 字符写入 fp 所指向的文件中。

- 字符串读/写函数 fgets 和 fputs

fgets 函数的原型为：

```
char * fgets(char * s,int n,FILE * fp);
```

功能：从 fp 所指向的文件中读入 $n-1$ 个字符或读完一行,参数 s 用来接受读取的字符,并在末尾自动加上字符串结束符。

fputs 函数的原型为：

```
int fputs(char * s,FILE * fp);
```

功能：把 s 所指向的字符串写入 fp 所指向的文件中。

- 格式化读/写函数 fscanf 和 fprinf

fscanf 函数的原型为：

```
char * fscanf (FILE * fp,char * format,…);
```

功能：按照 format 格式从 fp 所指向的文件中读取数据，并赋给参数列表。
fprinf 函数的原型为：

```
int fprinf (FILE * fp,char * format,…);
```

功能：按照 format 格式将数据写入 fp 所指向的文件中。

* 数据块读/写函数 fread 和 fwrite

fread 函数的原型为：

```
int fread(void * pt,unsigned size,unsigned count,FILE * fp);
```

功能：从 fp 所指向的文件中读取 count 个字节数为 size 大小的数据块存放到 pt 所指向的存储空间。

fwrite 函数的原型为：

```
int fwrite(void * pt,unsigned size,unsigned count,FILE * fp);
```

功能：从 pt 所指向的存储空间中取出 count 个字节数为 size 大小的数据块写入 fp 所指向的文件中。

3）关闭文件

对一个文件操作完毕后，为释放该文件所占用的系统资源，防止文件的数据丢失或被误用，必须对文件进行关闭。

fclose 函数实现了文件关闭功能，该函数的原型为：

```
int fclose(FILE * fp);
```

3. 文件的定位

文件的定位指将文件的位置指针定位到预想的位置。下面介绍实现该要求的函数。

1）rewind 函数

函数原型为：

```
void rewind(FILE * fp);
```

功能：使 fp 所指向文件的文件位置指针重新返回文件的开头。

2）ftell 函数

函数原型为：

```
int ftell(FILE * fp);
```

功能：取得 fp 所指向文件的文件位置指针所指向的位置，并作为函数返回值返回。

3）fseek 函数

函数原型为：

```
int fseek(FILE * fp,long offset,int base);
```

功能：将 fp 所指向的文件的文件位置指针移动到以 base 为基准、偏移量为 offset 的位置。参数 base 的值用 0、1 或 2 表示，0 代表"文件开始"，1 代表"当前位置"，2 代表"文件末尾"。为编程方便，ANSI C 标准采用了符号常量来代表该值，如表 11-2 所示。

表 11-2　文件起始点的表示

起 始 点	表示符号	用数字表示
文件开始	SEEK_SET	0
文件当前位置	SEEK_CUR	1
文件末尾	SEEK_END	2

11.2　案例拓展

在学生成绩管理程序中，如果要将所有学生信息存储到外部存储设备（如硬盘）上，使之能长期保存，以便于以后对数据的统计和分析，需要采用文件处理方法，建立一个用于保存学生信息的文件。本章对学生成绩管理程序的拓展，主要是在第 10 章用链表来处理学生信息的基础上，再增加一项将所有学生信息保存在外部存储设备的功能，即将链表中的数据域信息写到文件 student.dat 中。因此，需要在学生成绩管理程序中添加一个 save 函数，该函数可实现将链表中的数据域信息写到文件 student.dat 中。

拓展后的部分代码如下：

```
#include "stdio.h"
#include "stdlib.h"
#include "conio.h"
typedef struct{
    int    num;
    char   name[20];
    float score;
}DATA;
struct s{                           /*定义链表结点*/
  DATA date;                        /*数据域*/
  struct s * next;                  /*指针域*/
};
typedef struct s STU;               /*定义结点类型名为 STU*/
STU * input()                       /*输入学生信息并创建链表*/
{
    ⋮
}

STU * del(STU * h)                  /*删除学生信息*/
{
```

```
        ⋮
    }
    void find(STU * h)                              /* 查找学生信息 */
    {
        ⋮
    }

    STU * sort(STU * h)                             /* 按成绩排序 */
    {
        ⋮
    }
    void display(STU * h)                           /* 显示所有信息 */
    {
        ⋮
    }
    void save(STU * h)                              /* 保存所有信息 */
    {
        STU * p;
        FILE * fp;
        if((fp=fopen("student.dat","w"))==NULL)
        {   printf("open file error\n");
            return;
        }
        for(p=h;p;p=p->next)
            fprintf(fp,"%d %s %f\n",p->date.num,p->date.name,p->date.score);
        fclose(fp);
        printf("文件已保存,按回车键返回:");
        getch();
    }
    void menu()
    {
        system("cls");                              /* 清屏 */
        printf("\n\n\n\t\t\t      欢迎使用学生成绩管理系统 \n\n\n");
        printf("\t\t\t ******************************\n");
        printf("\t\t\t *            主菜单           * \n");   /* 主菜单 */
        printf("\t\t\t ******************************\n\n\n");
        printf("\t\t       1   成绩输入       2   成绩删除\n\n");
        printf("\t\t       3   成绩查询       4   成绩排序\n\n");
        printf("\t\t       5   显示成绩       6   成绩保存\n\n");
        printf("\t\t       7   退出系统 \n\n");
        printf("\t\t       请选择[1/2/3/4/5/6/7]: ");
    }

    void main()
```

```
{
    int j;
    STU * h;
    while(1)
    {   menu();
        scanf("%d",&j);
        switch(j)
        {
            case  1:    h= input(); break;
            case  2:    h= del(h); break;
            case  3:    find(h); break;
            case  4:    h= sort(h); break;
            case  5:    display(h); break;
            case  6:    save(h); break;
            case  7:    exit(0);
        }
    }
}
```

实训 24　文件的基本操作

1. 实训目的

(1) 掌握 C 语言中文件和文件指针的概念；

(2) 掌握 C 语言中各种文件操作函数的使用方法；

(3) 熟悉在 VC 集成环境中调试文件程序的方法。

2. 实训内容

(1) 程序编写：求 1～1000 以内的质数并写到文件中。

预习要求：画出流程图并编写出程序。

上机要求：先采用 fprintf 库函数将结果写入 xx1.out 中，然后改为由 fwrite 库函数将结果写入 xx2.out 中。用记事本分别打开 xx1.out 和 xx2.out，比较显示的结果有什么不同？然后右击文件，选择"属性"命令，查看各文件的大小，查看有什么不同？解释原因。

(2) 程序编写：有 5 个学生，每个学生有 3 门课的成绩，从键盘输入学号、姓名和三门课的成绩，计算出平均成绩，并将原有的数据和计算出的平均成绩存放在磁盘文件 stud.dat 中。

预习要求：画出流程图并编写出程序，然后设计一组测试用例。

上机要求：用记事本打开文件时，要求显示的结果样式如图 11-2 所示。

```
********信息学院某个班期末成绩统计表********
学号      姓名      高数      英语      C语言      平均成绩
1201     张三       70        50        60        60.00
1202     李四       85        68        96        83.00
1203     王三五     71        54        60        61.67
1204     李栋       71        50        86        69.00
1205     陈其       34        80        79        64.33
```

图 11-2   输出效果图

提示：

① 有 5 个学生，每个学生的信息对应的数据类型不同，故采用结构体数组来组织、存储这些数据较合适；

② 可采用格式化 fprintf 函数将其输出到文件。

（3）完善程序：下列程序的功能是将字符串 p 中的所有字符复制到字符串 b 中，要求每复制 3 个字符插入一个空格，然后将字符串 b 写到文件 file1. dat 中，最后从文件中读出该字符串并输出。

程序代码如下，但不完整，请补充完整：

```c
#include  <stdio.h>
void  fun (char * p, char * b)
{
    int   j, k=0;
    while(_____①_____)
    {
        j=0;
        while(j<3&& * p)
        {
            b[k]= * p;
            k++; p++; j++;
        }
        if( * p)
        {
            b[_____②_____]=' ';
        }
    }
    b[k]='\0';
}
void main()
{
    char   a[80], b[80];
    FILE * fp;
    gets(a);
    fun(a,b);
    if((fp=fopen ("file1.dat", "w"))==NULL)
```

```
    {
        printff ("not  open file\n");
        exit(0);
    }
    fputs (_____③_____ , fp);
    fclose(fp);
    if((fp=fopen ("file1.dat",_____④_____))==NULL)
    {
        printff ("not  open file\n");
        exit(0);
    }
    fgets ( b, 80, fp);
    puts (b);
    fclose (fp);
}
```

预习要求：读懂程序思路，并将程序补充完整。

上机要求：记录编译调试过程中发生的错误，并记录运行结果。

(4) 程序改错：对整型数组 A 中的各个元素（各不相同）按其所存数据值的大小进行从小到大连续编号，要求不改变数组中元素的顺序，并将编号的结果保存到 myf1.out 文件中。例如，输入"15、3、4、27、13、16、18"，则应输出"4、1、2、7、3、5、6"。下列程序中有错误，请改正。

```
#include <stdio.h>
#define N 7
void main()
{
    int num[N],s[N],i,j,k;
    static int a[]={15,3,4,27,13,16,18};
    FILE * fp;
    if(fp=fopen("myf1.out","w")==NULL)
    {
        printf("can't open file myf1.out!\n");
        exit(0);
    }
    for(i=0;i<N;i++)
        s[i]=a[i];
    for(i=0;i<N-1;i++)
        for(j=i+1;j<N;j++)
            if(s[j]<=s[i])
                k=s[i];s[i]=s[j];s[j]=k;
    for(i=0;i<n;i++)
        for(j=0;j<n;j++)
            if(s[i]!=s[j])
```

```
            {
                num[j]=i;
                break;
            }
    for(i=0;i<N;i++)
        fprintf(fp,"%5d",a[i]);
    fprintf(fp;"\n");
    for(i=0;i<N;i++)
        fprintf(fp,"%d",num[i])
    fprintf(fp;"\n");
    fclose(fp);
}
```

预习要求：读懂程序思路，手工修改程序中可能存在的错误。

上机要求：记录编译调试过程中发生的错误，并记录运行结果。

(5) 编写程序：将第(2)题改为先用 fwrite 函数写入文件，然后通过 fread 函数从该文件中读取数据，并将学生的数据输出到显示器上。

预习要求：画出流程图并编写出程序，然后设计一组测试用例。

上机要求：记录编译调试过程中发生的错误，使用测试用例测试程序并记录运行结果。

3. 常见问题

操作文件时的常见问题如表 11-3 所示。

表 11-3　文件的基本操作常见问题

常见错误实例	常见错误描述	错误类型
`if((fp=fopen("c:\\file.out","w"))=NULL)`	应该用关系运算符	语法错误
`if(fp=fopen("c:\\file.out","w")==NULL)`	少了一对圆括号	逻辑错误
`if((fp=fopen("c:\\file.out",'w'))==NULL)`	打开方式参数应该是字符串	语法错误
`if((fp=fopen("c:\file.out","w"))==NULL)`	文件路径应该用\\	语法错误
`FILE fp;` `if((fp=fopen("c:\\ file.out","w"))==NULL)`	FILE 是结构体类型,应该将 fp 定义为指针类型	语法错误

4. 分析讨论

(1) 对文件的读/写有很多函数，一般按照下列原则选用文件读/写函数：

- 读/写一个字符(或字节)时,选用 fgetc 和 fputc。
- 读/写一个字符串时,选用 fgets 和 fputs。
- 读/写一个(或多个)不含格式的数据时,选用 fread 和 fwrite。
- 读/写一个(或多个)含格式的数据时,选用 fscanf 和 fprintf。

(2) 思考对文件进行读操作时，如何控制和检测是否读到了文件的尾部？

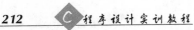

实训 25 文件的综合应用

1. 实训目的

综合运用本课程所学知识,完成一个较大的具有现实生活情景的设计性实验,以加深对所学知识的理解,提高综合运用知识的能力。

2. 实训内容

编写程序完成以下功能:

(1) 输入 5 个学生的信息,包括学号、姓名、3 门课的成绩(精确到小数点后一位),计算每个学生的平均成绩,将所有数据写入文件 ST1.DAT;

(2) 从 ST1.DAT 文件中读出学生数据,按平均成绩从高到低排序后写入文件 ST2.DAT;

(3) 从 ST1.DAT 文件中读出学生数据,按字典顺序对姓名进行排序,并将排序结果写入文件 ST3.DAT;

(4) 按照输入学生的学号,在 ST2.DAT 文件中查找该学生,找到以后输出该学生的所有数据,如果文件中没有输入的学号,给出相应的提示信息;

(5) 按照输入学生的姓名,在 ST3.DAT 文件中查找该学生,找到以后输出该学生的所有数据,如果文件中没有输入的学生姓名,给出相应的提示信息。

预习要求:画出流程图并编写出程序。填写如表 11-4 所示的测试用表,设计一组 5 人次的班级数据作为测试数据。

上机要求:记录编译调试过程中发生的错误,使用测试用例测试程序并记录运行结果。

提示:

① 每个学生的信息数据类型不同,共 5 个学生,所以用结构体数组或链表来组织存储数据;

② 排序算法可以用冒泡法和选择法。

表 11-4 测试用表

序 号	测试输入	标准运行结果	实际运行结果

3. 常见问题

(1) 对姓名按照字典顺序排序,因姓名是字符串,所以在比较两个人的姓名时,不能用关系运算符号,而采用字符串比较函数 strcmp;

(2) 写入文件和读出该文件时函数不配套,例如写入文件用 fwrite 函数,从该文件中读出内容用 fscanf,或者写入文件用 fprintf 函数,从该文件中读出内容用 fread,均有可能造成数据错误。

4. 分析讨论

用 C 语言文件的操作方法去实现信息管理系统的实验时,通常经过这些步骤:①读取存放于外存储器中的文件内容到内存;②对内存中的数据进行一系列的处理;③将处理后的信息写入文件。读入文件内容到内存,涉及文件的打开、读文件函数的选取和文件的关闭;对内存中的数据进行处理涉及各种算法,如排序、查找、增加、删除、修改、统计等;将处理后的信息写入文件同样涉及文件的重新打开、写文件函数的选取和文件的关闭。

练　习　11

(1) 编写程序,输入一个文本文件名,输出该文本文件中的每一个字符及对应的 ASCII 码。如文件的内容是 Bei,则输出 B(66)e(101)i(105)。

(2) 编写程序,将职工的数据存放到一磁盘文件 employee. dat 中,每个职工的数据包括职工姓名、职工号、性别、年龄、住址、工资、健康状况和文化程度,然后将职工姓名、工资信息单独抽出来存储于另建的职工工资文件 salary. dat 中。

(3) 设计一个通信录管理程序,程序功能如下:

① 输入每个联系人的基本信息(至少应该有姓名、单位、电话、邮件地址);

② 从磁盘文件中读取记录到内存;

③ 保存记录到磁盘文件;

④ 修改记录;

⑤ 插入一条记录;

⑥ 删除一条记录;

⑦ 显示所有的记录;

⑧ 按姓名对记录升序排序;

⑨ 退出。

要求:

① 用链表结构,不能用结构体数组;

② 采用结构化程序设计,将每个功能定义成函数;

③ 应有用户界面,提供菜单选项。

第12章

位 运 算

12.1 知识点梳理

1. 位运算符的种类

C 语言共提供了 6 种简单位运算符及其各自对应的位复合运算符,其中,位复合运算符由简单位运算符和简单赋值运算符组合而成。简单位运算符如表 12-1 所示。

表 12-1 简单位运算符

位运算符	含 义	举 例
&	按位与	$a\&b$, a 和 b 中各位按位进行"与"运算
|	按位或	$a|b$, a 和 b 中各位按位进行"或"运算
^	按位异或	a^b, a 和 b 中各位按位进行"异或"运算
~	取反	$\sim a$, 对 a 中各位取反
<<	左移	$a<<2$, a 中各位全部左移两位
>>	右移	$a>>2$, a 中各位全部右移两位

注意:参加运算的数只能是整型或字符型的数据,不能是实型数据。

1) 按位与运算符 &

功能是参与运算的两数各对应的二进制位相与。只有对应的两个二进制位均为 1 时,结果位才为 1,否则为 0。

2) 按位或运算符 |

功能是将参与运算的两数各对应的二进制位相或。只要对应的两个二进制位有一个为 1,结果位就为 1。

3) 按位异或运算符 ^

功能是参与运算的两数各对应的二进制位相异或。当对应的两个二进制位相异时,结果为 1,否则为 0。

4) 求反运算符 ~

功能是对参与运算的数的各二进制位求反。

5）左移运算符<<

功能是把<<左边的运算量的各二进制位全部左移若干位，<<右边的数指定移动的位数，移位时高位丢弃，低位补 0。

6）右移运算符>>

功能是把>>左边的运算数的各二进制位全部右移若干位，>>右边的数指定移动的位数。

右移运算的运算规则是，将一个数的各二进制位全部右移若干位，移出的位丢失，左边空出的位的补位情况分为以下两种：

- 对于无符号的 int 或 char 类型数据来说，右移时左端补零。
- 对于有符号的 int 或 char 类型数据来说，如果符号位为 0（即正数），则左端也是补入 0，如果符号位为 1（即负数），则左端补入的全是 1，这就是所谓的算术右移。VC 编译系统采用的就是算术右移。

7）位运算复合运算符

位运算符与赋值运算符可以组成复合运算符。

2. 不同长度的数据进行位运算

如果两个数据的长度不同，在进行位运算时，系统会将二者按右端对齐，然后将数据长度短的数进行位扩展，使得它们的长度相等之后再进行运算。对于数据长度短的数据，在扩展的区域填充数据有两种情况：①如果数据长度短的数据是无符号数，则均填充 0；②如果数据长度短的数据是有符号数，又分两种情况，若为正数填充 0，若为负数填充 1。实质上，这两种填充规则都是为了保持原有数据的值不变。

3. 位段

使用位段的目的是充分提高内存的利用率。C 语言允许在结构体或共用体中，指定成员占用的二进制位数。

位结构体类型的定义形式为：

```
struct  位段结构类型名
{
    整型或字符型  位段名 1:二进制位数;
    整型或字符型  位段名 2:二进制位数;
        ...

};
```

其中，位段名按照标识符的规则命名，位段名后面紧跟冒号，冒号后面的数据表示存储该位段需要占用的二进制的位数。

12.2　编　程　技　能

高效性是位运算的重要特性之一,所以无论是嵌入式编程还是优化系统的核心代码,适当地运用位运算是非常必要的。当然,位运算的技巧不能滥用,适可而止,否则程序的可读性较差,会给后续的程序维护造成不必要的负担。下面简要展示位运算符的妙用(基于 VC++ 6.0 平台,其他平台结果可能不一样)。

(1) 获得 int 型最大值。

写法 1:

```
int getMaxInt()
{
    return (1 << 31)-1;            //2147483647,由于优先级关系,括号不可省略
}
```

写法 2:

```
int getMaxInt()
{
    return ~(1<<31);              //2147483647
}
```

写法 3:

```
int getMaxInt()
{
    return ((unsigned int)-1)>>1;   //2147483647
}
```

(2) 获得 int 型最小值。

```
int getMinInt()
{
    return 1<<31;                 //-2147483648
}
```

(3) 乘以 2 运算。

```
int mulTwo(int n)                //计算 n * 2
{
    return n<<1;
}
```

(4) 除以 2 运算。

```
int divTwo(int n)                //负奇数的运算不可用
{
```

```
    return n>>1;                        //除以 2
}
```

（5）乘以 2 的 *m* 次方。

```
int mulTwoPower(int n,int m)            //计算 n * (2ᵐ)
{
    return n<<m;
}
```

（6）除以 2 的 *m* 次方。

```
int divTwoPower(int n,int m)            //计算 n/(2ᵐ)
{
    return n>>m;
}
```

（7）判断一个数的奇偶性。

```
int isOddNumber(int n)
{
    return (n&1)==1;
}
```

（8）不用临时变量交换两个数。

写法 1：

```
void swap(int * a,int * b)
{
    ( * a) ^= ( * b) ^= ( * a) ^= ( * b);
}
```

写法 2：

```
void swap(int * a,int * b)
{
    ( * a)^=( * b);
    ( * b)^=( * a);
    ( * a)^=( * b);
}
```

（9）取绝对值。

```
int abs(int n)
{
    return (n^(n>>31))-(n >>31); /* n>>31 取得 n 的符号,若 n 为正数,n>>31 等于 0,若
n 为负数,n>>31 等于-1;若 n 为正数,n^0=0,数不变,若 n 为负数有 n^-1,需要计算 n 和-1 的
补码,然后进行异或运算,结果 n 变号并且为 n 的绝对值减 1,再减去-1 就是绝对值 * /
}
```

（10）取两个数的最大值。

```
int max(int x,int y)
{
    return x^((x^y)&-(x<y));        /* 如果 x<y 返回 1,否则返回 0,与 0 做与运算结果为 0,
与-1 做与运算结果不变 */
}
```

（11）取两个数的最小值。

```
int min(int x,int y)
{
    return y^((x^y)&-(x<y));        /* 如果 x<y 返回 1,否则返回 0,与 0 做与运算结果为 0,
与-1 做与运算结果不变 */
}
```

（12）判断非零的两个数的符号是否相同。

```
int isSameSign(int x, int y)
{
    return(x^y)>=0;                  //1 表示 x 和 y 有相同的符号,0 表示 x 和 y 有相反的符号
}
```

（13）计算 2 的 n 次方（$n > 0$）。

写法 1：

```
int getFactorialofTwo(int n)
{
    return 2<<(n-1);                 //2 的 n 次方,n>=1
}
```

写法 2：

```
int getFactorialofTwo(int n)
{
    return 1<<n;                     //2 的 n 次方,n>=0
}
```

（14）从低位到高位取 n 的第 m 位。

```
int getBit(int n, int m)
{
    return (n>>(m-1))&1;
}
```

（15）从低位到高位将 n 的第 m 位置 1。

```
int setBitToOne(int n, int m)
{
```

```
    return n|(1<<(m-1));      /*将 1 左移 m-1 位找到第 m 位,得到 000...1...000,n 再和
这个数做或运算 */
}
```

(16) 从低位到高位将 n 的第 m 位置 0。

```
int setBitToZero(int n, int m)
{
    return n&~(1<<(m-1));      /*将 1 左移 m-1 位找到第 m 位,取反后变成 111...0...
1111,n 再和这个数做与运算 */
}
```

(17) 符号函数 sign(x),当 x>0 时,sign(x)=1;当 x=0,sign(x)=0;当 x<0 时,
sign(x)=-1。

```
int sign (x)
{
    return !!x-(((unsigned)x>>31)<<1);
}
```

实训 26 位运算的应用

1. 实训目的

(1) 掌握位运算的概念和方法;
(2) 掌握位运算符(&、|、^、~、<<、>>)的使用方法;
(3) 了解有关位运算符的巧妙使用。

2. 实训内容

(1) 程序编写:设有下列程序:

```
#include "stdio.h"
void main ( )
{
    int a=0x95,b,c;
    b=(a&0xf)<<4;
    c=(a&0xf0)>>4;
    a=b|c;
    printf("a=%x\n",a);
}
```

运行上述程序,根据输出结果,如果系统为"算术右移",则编写一个实现"逻辑右移"
的函数,如果系统为"逻辑右移",则编写一个实现"算术右移"的函数。将上述程序中实
现"右移"的操作改为调用自己编写的"算术右移"或"逻辑右移"的函数,并运行程序。

(2) 程序编写:输入一个数的原码,能给出该数的补码。画出流程图并编写出程序。

3. 常见问题

进行位运算时常见的问题如表 12-2 所示。

表 12-2　位运算常见问题

常见错误实例	常见错误描述	错误类型
`float x=3;` `x=x<<2;`	所有的位运算符只能用于整型和字符型	语法错误

4. 分析讨论

参考问题：
(1) 思考在什么场合下会用到位运算符？
(2) 总结位运算符在解决现实问题时的巧妙使用。

练　习　12

(1) 编写程序对数据进行加密和解密。提示：利用位运算的计算速度快以及异或的特性(和同一个数字异或两次还是自身)，可以用来简单地加密数据。例如：

```
int src=54;
int pwd=32;(密钥)
int dst=0;
dst=src^pwd;(加密,dst 结果为 22)
src=dst^pwd;(解密,src 结果还原为 54)
```

(2) 编写一个函数 getbits，从一个 16 位的单元中取出某几位(即该几位保留原值，其余位为 0)。函数的调用形式为 getbits(value,n1,n2)，其中，value 为该 16 位单元中的数据值，$n1$ 为要取出的起始位，$n2$ 为要取出的结束位。例如：

```
getbits(0101675,2,5)
```

表示在八进制 101675 中取出从第 2 位到第 5 位的数，将其余位清零。

(3) 编写一个函数用来实现左右循环移位功能。函数名为 move，调用方法为 move(value,n)，其中，value 为要循环移位的数据，n 为移位的位数。$n<0$，表示左移 $|n|$ 位；$n>0$，表示右移 n 位；$n=0$，表示不移位。

附录 A

VS2012 的安装与使用

VS2012 是微软新近推出的综合性开发环境,其中,Express 版本是免费使用的,用户到微软官方网站上下载并注册后即可获得免费序列号。其下载网址如下:

http://www.microsoft.com/visualstudio/chs#downloads

从下载网页中下载 Express 2012 for Windows Desktop,其安装光盘约 700MB。

1. VS2012 Express 版本的安装

Express 版本的安装非常简单,首先选择安装路径,然后选中"我同意许可条款和条件"复选框,单击"安装"按钮即可安装,如图 A-1 所示。安装过程需要 20 分钟左右,随用户使用的计算机的性能而不同。

图 A-1　VS2012 Express 版本的安装

安装完毕后计算机会提示重启。

2. VS2012 的注册

首次进入 VS2012 Express 版本,VS2012 会提示使用 Microsoft 账户联机注册。如果用户还没有 Microsoft 账户,可以注册一个 Microsoft 账户。在输入一些单位信息和个人兴趣信息后,注册网页可以返回一个序列号,然后用户就可以使用这个序列号进入 VS2012 了,如图 A-2 所示。

图 A-2　VS2012 的注册

首次启动 VS2012 将会花费一定的时间,启动后其界面如图 A-3 所示。

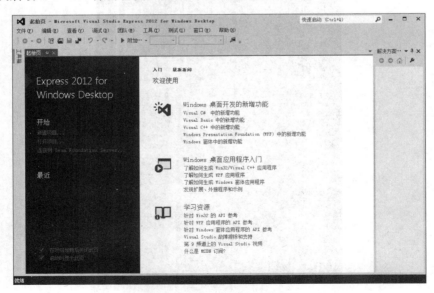

图 A-3　VS2012 启动后的界面

3. 创建工作区及添加工程

VS2012 采用类似 VC++ 6.0 的方法创建工作区,即从菜单中选择"文件"|"新建"命令,在弹出的对话框的左边分类中选择"Visual Studio 解决方案"选项,在右边模板中选择"空白解决方案"选项,在"位置"文本框中输入 D:\,在"名称"文本框中输入 C_Learn,这样以后学习 C 语言所用到的所有文件都会放到 D 盘根目录下的 C_Learn 子目录中,以便于管理和打包携带,如图 A-4 所示。

图 A-4　创建工作区

创建好空白工程后,大家可以看到如图 A-5 所示的空白工作区。

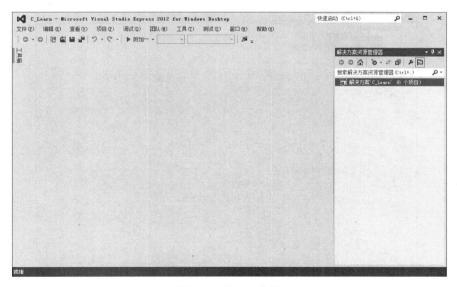

图 A-5　空白工作区

现在可以向其中加入第一个工程。从菜单中选择"文件"|"新建"命令，弹出"新建项目"对话框，如图 A-6 所示。在该对话框中选择 Visual C++ 选项，在右边的模板中选择"Win32 控制台应用程序"选项，然后在"名称"文本框中输入 HelloWorld，在"解决方案"下拉列表框中选择"添加到解决方案"选项，这样 VS2012 将把新工程放置到现有工作区目录下。

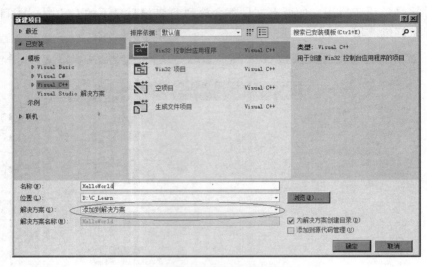

图 A-6　新建项目

单击"确定"按钮后，即进入 VS2012 的控制台应用程序向导如图 A-7 所示。在向导对话框中单击"下一步"按钮跳过概述，在"应用程序设置"中选择"空项目"复选框，再单击"完成"按钮。

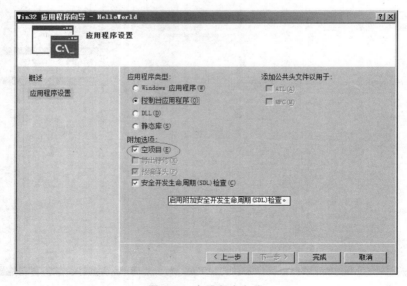

图 A-7　应用程序向导

"空项目"表示不使用 VS2012 提供的先进工具而仅仅使用纯粹的 C 语言。单击"完成"按钮后，在 C_Learn 解决方案窗体中出现了刚刚添加的工程 HelloWorld，如图 A-8 所示。

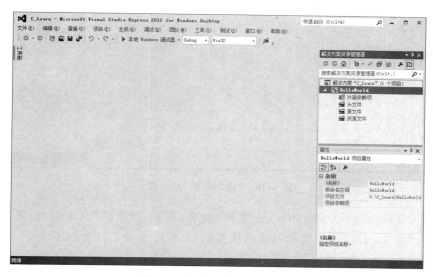

图 A-8　新建工程 HelloWorld

4. 源代码的编辑

下面准备编写第一个程序。在"解决方案"窗体中右击 HelloWorld，弹出如图 A-9 所示的快捷菜单，然后选择"添加"|"新建项"命令，弹出"添加新项"对话框，如图 A-10 所示。

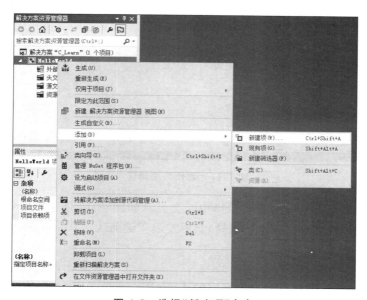

图 A-9　选择"新建项"命令

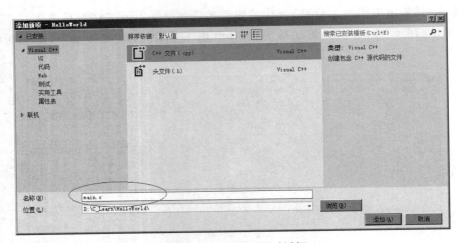

图 A-10　"添加新项"对话框

在"添加新项"对话框中选择"C++ 文件"选项，在下方"名称"文本框处，系统提示第一个文件为"源 1.cpp"，因为要学习使用纯粹的 C，所以要手工改为.c 扩展名，这里可以输入 main.c。

添加成功后，就可以进入编辑区书写源代码了，如图 A-11 所示。

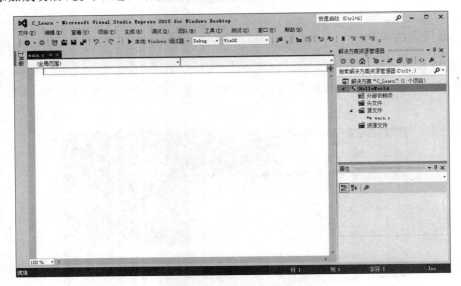

图 A-11　源代码编辑区

在输入代码时，VS2012 的智能感知功能会提示如图 A-12 所示的可能的选择，用户可以使用上下光标键在选项中进行选择，然后按回车键确认。

5．编译与调试

程序编辑完成后，可以在解决方案中的 HelloWorld 上右击，在弹出的快捷菜单中选择"生成"命令，如图 A-13 所示。

图 A-12　VS2012 的智能感知

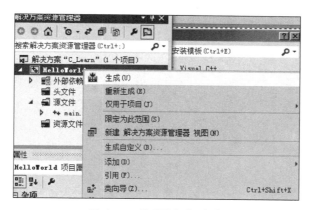

图 A-13　选择"生成"命令

选择"生成"命令后即可在"输出"窗口中显示输出信息,如图 A-14 所示。

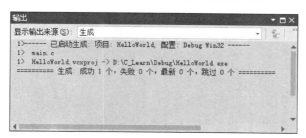

图 A-14　"输出"窗口

若在编译过程中发现了错误，例如人为删除了 printf 最后的分号，在编译时将发现错误，如图 A-15 所示。

图 A-15　出错显示

双击错误输出行，将直接跳转到源程序中发现错误的地方，以便于修改。

编译正确后，可以在菜单中选择"调试"|"开始执行（不调试）"命令直接运行程序，并观察结果。

VS2012 的调试行为（或者说调试功能）继承了 VC++6.0 的操作习惯，用户可以将光标移动到源码行，按 F9 键添加断点、按 F10 键单步执行等。